租房派的单人间软装改造

[韩] 小家装潢 著

王晨杰 译

中国水利水电出版社
www.waterpub.com.cn
·北京·

向往的独居生活，从装扮小家开始！

"看到独居的人还要装修房子，我真是不太理解。"

"不过是租的房子而已嘛，为什么要花钱装修呢？"

如果你曾有过这样的疑问，本书或许可以为你解答。为了解决你的疑问，我们将公开 21 位独居生活者的单间。这 21 位朋友通过装饰房子，实现了自己的独居梦想。独立生活的他们孤军奋战，对房子进行装修和改造，这给他们的生活带来了大大小小的变化。这些人起初对装修并不精通，以往因为困难、麻烦、资金不足等现实原因，一直没能开始改造。但他们一直梦想着拥有一个超棒的小天地，为了弥补独居生活的小缺憾，他们迫切希望有一个属于自己的安身之所。装扮小家的空间造型故事就从这里开始。

"你们的家装服务可以帮我装修房子吗？"

小家装潢原本的功能是向大家介绍一些装饰美观的房子，推荐这些房子里常用的价格公道的装饰品。但是随着社交平台粉丝数的增加，请求帮忙装修房子的委托和咨询接连不断。

这其中独居生活者的装修欲望最为强烈，他们中既有刚刚开始独立生活的新手独居者，也有独立生活 10 年以上的资深独居者。于是我们决心把他们的愿望变成现实。以往我们介绍了很多室内装修的案例，并以这些经验为基础打造了一个个独居空间案例。在单调且雷同的结构下，在充满局限性的空间里，我们发掘出了独居单间的新可能。这期间，我们小家装潢帮助了 250 多个独居者实现独居空间装饰梦想。我们按照居住形态、面积、预算和类型进行了分类以后，选出了一些具有代表性的典型案例。我们还公开了如何用 1700～11500 元人民币不等的预算，改善家居环境、挑选家居用品以及施工等信息。

"去爱吧，像不曾受过伤害一样；

跳舞吧，像没有人欣赏一样；

唱歌吧，像没有人聆听一样；

工作吧，像不需要金钱一样；

生活吧，像今天是末日一样。"

我想在艾佛列德·德索萨的这段诗中加上一句话：

"装扮吧，就像是我的家一样。"

小家装潢 资讯部

目录
Contents

注：
书中"住户"是生活在该房间里的人，是装饰房子的主体。
"房东"是指与住户签订租赁合同的主体，指房屋的所有人。

人类不快乐的唯一原因是他不知道如何安静地呆在他的房间里。

——布莱士·帕斯卡

一盏灯，一张桌子，
足以改变一个空间。

让人以为会是负担的室内装饰，
其实低成本就能轻松完成。
装饰房子的各种小窍门，
使用率超高的产品介绍，
总想看一眼的"别人家的装修"，
全部为你一一展现。
你专属的房间向导，
家装，现在开始。

第一部分

拥有我的小天地
——单间室内装修

第一章

预算紧巴巴也能装修

如果把装修房子比喻成旅行，那么目的地就是我居住的地方，机票就是租金，而旅行经费就相当于购买家具和装饰品的费用。既然租金这个巨额机票已经付完了，若想成功地装修房屋（旅行），就要制订完备的计划。我们首先要考虑一下预算的最大额度，然后正如做旅行攻略时查酒店、寻美食、觅名胜一样，我们需要确定房间所需购买物品的优先顺序，逐一写进购物清单里。幸福的苦恼由此开始。

约2900元人民币以下，用性价比较高的产品来装饰单间

终于实现了梦寐以求的独立，货比三家后终于找到了符合预算的单间，现在该是解放天性、尽情装饰房间的时候了。每天浏览微博和小红书，不知不觉眼光越来越高，但现实却是个约13平方米的单间，屋里有的不过是一张床和一个6格的抽屉柜。由于收纳空间严重不足，行李只能放在窗台和房间地板上。

这个场景对于刚刚开始独立生活的人来说，简直是再熟悉不过了。虽然野心勃勃地开始了独居生活，但真要开始装饰房子的时候，却不知道该先做什么；一遇到超出预算的问题，曾经宏伟的装修梦想一下子变得渺小。想住在漂亮的房子里，却又没家具又缺钱。如果这样你还不想和现实妥协的话……也有办法！只要根据预算进行理性选择和重点改善就可以了。

单间室内装饰最应该重点关注的两项原则是：第一，尽

量让狭小的空间显得宽敞；第二，要最大限度地保留有限的收纳空间。如果能本着这两项原则来编制预算，单间室内装饰就成功了一半。不要因预算不足而气馁，不要被现实所压倒，让我们一起打造漂亮的房子，实现我们的装修梦想吧！

制订符合预算的产品购买和配置计划

独立生活，用钱的地方太多了，这一点相信不少刚开始独居生活的朋友都感同身受。这个案例的住户精打细算攒出的房屋修整资金约 2900 元人民币，怎样才能打造出美丽的小空间呢？买家装产品的时候，如果贪图美观而盲目购入，最后反而容易成为负担。越是狭小的空间，越只能买刚需用品进行协调摆放。首先要清点家里的家具，我们要从现有的家具中挑选出值得继续使用的，所以好好想想哪些用品是必需品吧。

该单间面积约 13 平方米，虽然面积很小，但这与我们拮据的预算不谋而合。该住户是刚独立生活的"新手"独居者，所以没有很多家具，因此我们列出了一个家装用品清单。清单中包括床、床上用品、窗帘、收纳用品、化妆台、装饰小物件等生活必需品，还有一些住户自己想买的产品，我们根据这个清单进行了预算分配。这个过程中最重要的是要挑选设计感和功能性并重且性价比高的产品，比如收纳型的床。另外，在买家具之前先预想放置家具的位置，可以避免不必要的浪费。

虚拟布置图

越是狭小的空间，越只能买刚需用品进行协调摆放。首先要清点家里的家具。要从现有的家具中挑选出值得继续使用的，所以好好想想哪些用品是必需品吧。

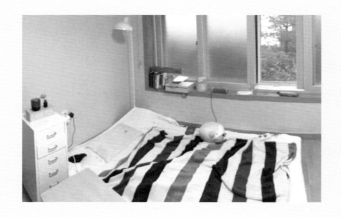

before

在约 13 平方米的单间里，只有 1 张床和一个 6 格的抽屉柜！
由于收纳空间不足，只能把行李摆放在窗台和房间地板上。

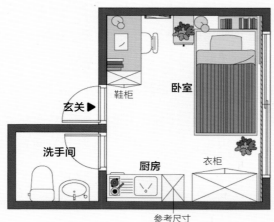

玄关 ▶

洗手间

鞋柜

卧室

厨房

衣柜

参考尺寸

plan

分配预算时，应当从最贵的单品着手，这样更容易抓住头绪。由于这个单间的收纳空间不足，所以必须有收纳型的床，因此我们将预算的 35% 用于买床。接下来，要分配一些预算用于购买床上用品和窗帘等布艺品，因为它们价格较低、装饰效果较明显。

在摆放家具的时候，应当首先安置体积较大的家具，这样比较容易安排空间。我们决定把体积最大的床靠窗摆放，并把桌子安排在玄关的左侧，全身镜和抽屉柜放在床和桌子之间。

购买清单

种类	品牌	产品	款式	价格
床	BONIE 家具	抽屉床	SS	约 1000 元人民币
床上用品	DECO View	双面 ST 亚麻寝具	SS	约 550 元人民币
窗帘	DECO View	遮光窗帘	象牙白	约 370 元人民币
镜子	LASSEM	全身镜系列	白 400×1700	约 310 元人民币
窗帘	DECO View	酒店式 白窗帘	2 副	约 235 元人民币
植物	良才花卉	盆栽 2 个		约 175 元人民币
零杂物品	ABLUE	电线收纳盒		约 160 元人民币
装饰品	大创	小商品若干		约 60 元人民币
			总计	约 2860 元人民币

摆放家具从大件开始才能抓住重心

预算中占最大比重的是床。在收纳空间狭窄的单间，一定要选择具有收纳功能的床。另外，床垫是直接关系到睡眠的产品，因此即使价格较高，也要选择质量好的。

布置家具的时候应当从体积大的家具入手，然后是较小的家具，最后再安置零碎物件。根据这个房间的情况，考虑到厨房水槽、卫生间和玄关入口的位置，我们放床的地方最好把床的长边紧贴窗台墙面。这样一来，书桌就自然地放在入口玄关的左侧，全身镜和抽屉柜就安置在床和桌子之间。

tip 雪纺和遮光双层窗帘兼具实用性和美观性。

tip 两面异色的床单被罩, 可以演绎出两种氛围。

气氛之王——布艺装饰

在装饰方面，布艺具有不可替代的重要性。由于布艺用品面积较大，比起购买各种装饰用品，布艺用品在视觉上的冲击感更强。

床上用品如果选择双面不同色的产品，变换内外面就可以营造两种氛围。窗帘根据材质和颜色有很多不同分类，最受欢迎的是雪纺窗帘和遮光窗帘。雪纺窗帘通常被称作"内窗帘"，由于质地轻薄，可以演绎出朦胧隐约的气氛。但是如果过于透视，隐私就容易暴露给前楼的住户，会让人感到不安。如果想保护隐私，那么可以选择遮光窗帘。

如果想同时享受雪纺窗帘和遮光窗帘的两种优点，安装双层窗帘即可。这种情况下可以演绎出更丰富的感觉，气氛也更加温馨。如果想完全感受照入窗内的阳光，就使用雪纺窗帘；如果在周末太阳高照的时候还不想妨碍睡眠，就可以按需要选择使用遮光窗帘。

由于生活用品越来越多，窗台总是沦落为各种杂物的收纳台。我们用简单的小物件把窗台打造成一个小小的拍照区。

布置家具的时候应当从体积大的入手，然后是较小的家具，最后再安置零碎物件。放床的时候应该把床的长边紧贴窗台墙面。

这些道具在线下实体店购买比较合适。因为这些小物件的照片和实物通常差异较大，所以直接确认物品材质比较好，再加上运费也不能忽视，所以我们推荐大家尽量线下购买。

越是狭窄的空间越要注意照明

在狭窄的空间里，照明的力量变得极大。吸顶灯（直接安装在天花板或墙壁上的）确保方便生活中的刚需照明，但其室内装饰效果微乎其微。适合单间的装饰灯大体分为两种：一种是立式灯；另一种是氛围灯。立式灯是连接插座使用的，所以摆放位置要好好考虑。如果放灯的位置不方便插电，那就最好使用装电池的氛围灯。

我们保留了住户的灯，只改变了摆放的位置。住户想把灯放在床头两边，但由于两边空间不够，所以我们将床稍微往下移了一点，留出了立式灯的空间。

如果有床头柜就更好了，但由于预算不充裕，我们没法购买新的家具了。所以我们用白色的布盖在废弃的苹果箱子上，当床头柜用，还在上面用布娃娃和假花布置了一下。

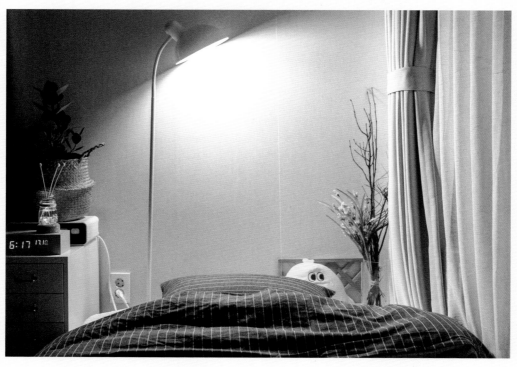

在窗台上摆放简单的饰品打造了一个小小的拍照区。在床头用苹果箱子做成床头柜，上面用布娃娃和假花装饰。

tip
利用电线收纳盒，既
方便充电，又可以保
持整洁。

tip
窄窄的镜子可
以营造出很大
的空间感。

有时小小的细节就能完成室内装饰

床的左边是住户原有的抽屉柜子，上面是电线收纳盒和电子时钟。电线收纳盒虽然看起来不起眼，但在室内装饰方面起到了相当重要的作用。因为它给人一种整齐的感觉，能够把杂乱无章的东西遮盖住。这个电线收纳盒有专门的 USB 接口，可以给手机充电；它的按键式 ON/OFF 开关，可以精细化节约电力，是一款性价比较高的产品。

我们在抽屉柜旁边放置了一面窄的全身镜。全身镜不仅使房间看起来更宽敞，而且比一般的化妆台占地面积小，非常适合单间使用。

再教大家一个室内装饰的小窍门吧。灯光和植物可以把房间氛围营造得更丰富。我们在电子时钟上面放了一个香薰，而这个香薰的底座会发光，像氛围灯一样。隐约的香气和底座灯的柔和感，使房间变得更加温馨。

我们在床尾也摆放了植物。在花市购买的印度榕，搭配果实一样的纸球灯，展现出独特别致的感觉。普通植物搭配这样的小灯，就变成了独一无二的装饰美物。

会发光的香薰瓶扮演了氛围灯的角色。

平平无奇的绿植搭配小灯，便成了独特的美饰。

装饰了漂亮的房子，梦想开始了

此次装饰结束之后，住户还自行购买了投影仪。她说："看到用约 2900 元人民币营造的小天地，我变得更贪心了。" 事实上，我们从一开始制订室内装饰计划的时候，投影仪就是这位住户最想买的物品，但当时由于预算问题不得不放弃了。

我每次修饰房子的时候都会有这种感觉：家装很难一次完成。特别是独居住户，总是会因为钱或者房东等各种现实问题，让家装时间一再延长。因此家装要从小处着手，从一些可以改动的小地方慢慢开始。这就是我们用较少的预算、购买最少的产品进行家装的典型案例。从现在开始，房间就交还给住户了。从这张漂亮的照片里可以看出，在焕然一新的房间里，她一步步靠近梦想，这样的她更有魅力了。

约 2900 ~ 4300 元人民币，
用组合式家具分割房内空间

　　越来越多的人喜欢旅行，很多人的新年愿望也是旅游，甚至有越来越多的人以旅行作为职业。无论是远处，还是近处，旅行之所以让人快乐，是因为人们有能回去的家。

　　住在这个分离式单间的住户，在过去的两年里进行了100多次的国内、外旅行。当旅行结束，家总在那里，迎接疲惫的旅行者，因此他对这个小小的单间产生了特殊的感情。他想到："当我离开家的时候，可以把我的房间租给别人。"于是他决定，每当自己因旅行而离开家的时候，他就把家分享给来首尔旅行的人。于是，他在弘益大学附近购买了这个约16.5平方米的分离式单间。

　　由于已经体验过国内、外100多处住所，所以他非常清楚游客们需要什么、什么样的房间更方便，也知道如何让自己的房间与众不同。

组合式家具是解决预算问题的良策

怎样装饰才能让旅行归来的疲惫的身体得到放松呢？对于第一次来旅游的游客来说，我们能给他们怎样的快乐呢？我们这样愉快地想象着，开始这一次装饰房子的计划。通过无数次的旅行经验，该住户对旅行者所需要的东西了如指掌，他的装修想法也层出不穷，但仍然要面对钱的问题。另外，空间太狭窄也是一个大问题。约 16.5 平方米的空间足以让游客休息，但完全无法满足该住户的装修愿望。

预算不足没关系，身体力行来解决！买组合式家具比成品家具省很多钱。如今的组装说明书都会附上示意图，任何人都可以轻松完成组装。一看说明书就发慌？别担心，求助好友就行了。

用 3D 效果图来虚拟放置家具

与开放型单间不同，分离式单间有一扇门把厨房和房间分开，所以除了门墙以外，其他三面墙都可以灵活安排。比起开放型单间，分离式的房间更接近普通公寓的房间结构，因此可以尝试多种方法来布置。组合式家具虽然价格低廉，但是可选的种类有限。这一点可以通过适当的家具布置来改善。

如果不是专家，看家具的时候很难估量出"这个东西放在我家会占多大的空间"。即便是专家在购买家具之前，都要按照实际测量的尺寸进行 3D 绘图才能游刃有余。

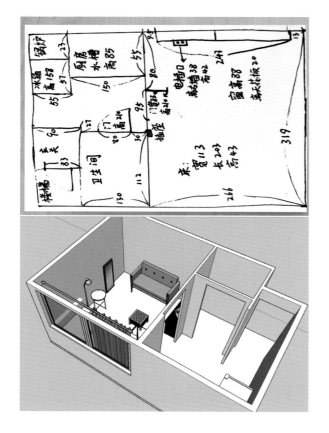

实测手绘图纸（上图）和用 Sketchup 软件绘制的图（下图）

如果对家具安置完全没有头绪，可以通过 3D 绘图软件在实际购买和安置之前先以预想的方式进行布置。如今有很多无需专业知识也能操作的 2D、3D 绘图软件，因此任何人都可以轻易地画出图纸，构想房间的布置。

购买清单：

种类	品牌	产品	选项	价格
窗帘	DECO View	酒店式白雪纺窗帘	两副双叶 -230	约 439 元人民币
床上用品	DECO View	水洗灰色套装 & 棉垫	SS	约 415 元人民币
针织布艺	DECO View	摩登族 / 薄荷图案 地毯	摩登族地毯（灰）一张	约 403 元人民币
瓷砖贴纸	韩华 L&C	BODOC 瓷砖贴纸	蜂窝形 MONO 白（20 张）	约 386 元人民币
饰品	ESOPOOM	MONELLI 六角悬挂式镜子		约 346 元人民币
小家具	印加原木家具	时尚白色原木落地式桌子		约 341 元人民币
针织布艺	BOWELL	复古纯棉大坐垫（150×70）		约 317 元人民币
灯具	LIGHT HOUSE	抓钩 4 灯 吸顶灯		约 277 元人民币
小家具	MONDAY HOUSE	挂衣架 &5 段挂衣系列	挂衣架	约 178 元人民币
饰品	HOUSE RECIPE	折叠桌	蓝桉 L.	约 172 元人民币
饰品	ESOPOOM	圆形收纳柜	3 格 - 白色	约 170 元人民币
饰品	MOOQS	无噪声壁挂钟 4 种	工业风无噪声时钟	约 121 元人民币
饰品	BMIXX	不倒翁花瓶		约 117 元人民币
饰品	JULY WORKS	JULYWORKS 地图系列	世界地图 _M/ 黑	约 115 元人民币
小家具	MARKETB	MAKA 埃菲尔椅		约 115 元人民币
灯具	MARKETB	RUSTA 落地灯	白色	约 112 元人民币
针织布艺	BOWELL	复古棉靠垫套 / 坐垫套		约 101 元人民币
其他		杂费		约 204 元人民币

总计　约 4329 元人民币

虚拟布置图

在第一次绘制虚拟布置图的时候，必然会感到很茫然。首先，应将现有的家具和计划购买的家具全都列在清单上，并根据它们的尺寸进行绘制。然后将体积大的家具搬入，确认空间是否宽裕。如果发现不合适，就更换其他家具，不断修正和完善。

before

与厨房分离的卧室里，光是一张床就把房间占满了，完全没有安排好空间。

plan

这个房间已经有了基本的大件家具，因此在编制预算的时候，我们主要考虑收纳性强的组装式小家具以及一些布艺品。我们还计划给房间整体换色，让狭窄的空间显得更宽敞一些。

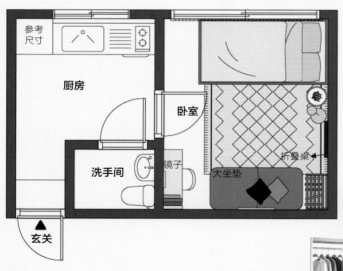

室内装饰和明亮的色彩使空间看起来更宽敞

我们把床的长面靠窗放置，并在窗户对面放了个大坐垫和小靠垫，打造出一片坐着休闲的空间。一开始我们甚至想放个沙发，但由于床已经占了三分之一的地方，所以空间不太够。因此我们用一个大坐垫代替沙发，并在两侧放置了一个衣架用来挂衣服，一个窄桌子可以当化妆台来用。

床不是必须贴窗放置的，要根据住户的倾向慎重选择。这是因为，宽敞的窗户如果没有隔热层的话，窗户缝就会透风。这种情况下，如果住户是怕冷体质，就应该尽量把床放在远离窗户的地方，或者使用一些挡风的家装产品。

为了突出大窗户的优点，我们选择了雪纺材质的窗帘。窗玻璃上贴了不透明的贴纸，这样就不用担心私生活暴露的问题。

为了防止窗户透风，人们普遍使用气垫膜贴纸。另外有些专门塞窗户缝的御寒产品，用了以后可以进一步阻挡冷风渗透。

坐垫饰品能吸引人们的视线下移，这就使狭窄的空间看起来更加宽敞。由于坐垫可以自由放置，因此也可以放在沙发上面，或者当床上靠背使用。另外，由于坐垫有种松软的坐实感，容易让人一坐下就忍不住多待会儿。

除了视线下移，还有一种方法可以使狭窄的空间显得宽敞，那就是使用对的颜色。白色总是显得开阔，给人一种干净利落、整洁有序的印象。再加上室内家具流行白色调，选择的范围很大，因此整体上的装饰风格也很容易搭配。白色唯一的缺点就是不容易保持，这个问题可以通过勤打扫来克服，或者也可以搭配其他颜色。

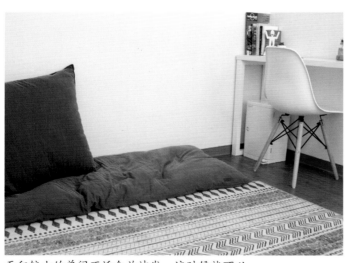

面积较小的单间不适合放沙发，这时候就可以选择大坐垫来增加房间的温馨感。

tip
如果没有枕头，
坐垫也可以用来
当枕头。

tip
如果地板贴纸不
好撕掉，地毯也
是一个好主意。

tip
既有装饰作用，
又兼顾收纳的
床头柜。

为了融入整体氛围，我们起初想把地板贴纸都换掉，但是考虑到费用问题，并且房子是月租的，我们就选择了地毯。色彩明亮的长毛地毯很难迎合众多游客的喜好，所以我们选择了短毛几何图案的地毯。根据季节交替更换地毯也能演绎出不同的风格，一般，夏季用短毛地毯，冬季用长毛地毯。如果担心掉毛和藏灰，我们推荐无毛的混纺地毯。

空间越小，越要使用多功能产品

由于空间狭小，所以我们优先考虑了多功能家具。这其中最棒的就是折叠桌，平时可以作装饰用，随手也可以放一些小东西；当有客人来的时候，就可以把它展开，作为大桌子使用。另外，放在床头的圆形收纳柜内部空间相当大，既可以作床头柜用，也可以发挥收纳的作用。如果房间面积较小，最好使用多个多功能产品。

虽然组装家具降低了不少费用，但是我们要付出的劳动却增加了。所幸我们选的都是装配比较简单的产品，可以在短时间内完成组装。组装家具还有一个优点就是便于搬家。它们可以分解，所以搬家时占地小，搬运快。组装和拆卸时需要的钻头或螺丝刀等工具，可以就近从五金店等处租用，因此平时不用囤在家里，只搬家时租用即可。

为了方便放置游客的外套和一些简单的行李，我们购入了一个衣架。
如果衣服比较多，可以购买成套的组架，这样可以很好地提高收纳力。
床旁边放置了收纳能力超强的圆形收纳柜。

用独特的小物件突出装饰

　　家具安置得差不多了，如果你为空空如也的墙壁感到烦恼，那就用些海报吧。海报十分方便，只要一点万能胶带就可以张贴完成，非常适合租房者们。由于住户喜欢旅行，我们特地选了世界地图的海报。住户可以把去过的和想去的国家用彩色的贴纸标记出来，这就使地图成为更特别的饰品。海报不是很大也没关系，小小的明信片或电影海报等琐碎的东西，也可以变成装饰，表达出房东的爱好。

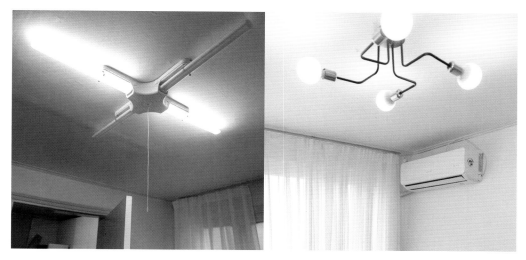

更换天花板的吸顶灯时，为安全起见，应切断电源，并戴上绝缘手套。

　　墙的一边摆了一个可化妆的梳妆台，还挂了一面镜子。原本打算挂一面圆形镜子，但是由于设计比较单调，所以就选择了设计感独特的六角形镜子。

　　室内装饰的最后一步：换灯。我们摘下了原本色温较冷的（冷白色）日光灯，安装了色调温暖的 4 球白炽灯。在韩国用冷色日光灯给整体照明，搭配白炽灯给局部照明。在操作刀具的厨房，或是读书、看电脑的书房里，冷色日光灯是最佳照明工具，但在其他用途上，白炽灯的照明效果不逊色，还可以使室内有一种温暖的感觉。

好想换厨房瓷砖？用贴纸超便宜！

　　卧室部分的装饰省了不少钱，现在该把预算投资到厨房装饰上了。事实上，如果不进行大修大改的施工，厨房的装饰很难有大的变化。不施工就能 DIY 的领域只有一个，那就是瓷砖贴纸的妙用。把贴纸贴在厨房的瓷砖上，盖住又旧又脏的部分即可。如果细细观察就会发现，瓷砖贴纸的质感与真正的瓷砖会有些差异，但其性价比和满意度还是比较高的。

　　市面上有很多瓷砖贴纸，形状、颜色各异，款式不一。住户选择了小六角形图案瓷砖的贴纸。贴的时候只需一张张从边缘开始贴即可。如果是第一次贴，还是需要练习一下。因为它黏合力很强，贴错了就不好撕下来。这种六角形的贴纸要精确地对准各个边缘，所以不适合初学者。对于初学者或者"手残党"，我们推荐容易上手的长方形或正方形款式的贴纸。

瓷砖贴纸 厨房大变身：贴的时候要确定好开始的位置，按照从外向里，从上到下的方向进行粘贴。贴之前不要忘了把墙面擦干净。

贴了瓷砖贴纸的厨房 BEFORE & AFTER。
贴完贴纸以后，我们为厨房置办了原木的厨房用品。在窗台，我们还用
伸缩棍挂了块半帘（挂在窗帘上端或是厨房小窗上的半帘），遮住了与
房子整体色调不搭的褐色窗框。

曾经的梦想天地，变成了现实

这位住户以往收集的资料，丰富多样的想法，还有明确的意见改进，对打造令人满意的温馨小天地起到了很大的作用。依然热爱旅行的这位住户，在把这个房间打造成"1号房"以后，继续为游客打造民宿，现在已经增加到了7间房。他说现在对家装有了自己的理解，在继续尝试不同的装修风格。

在单间装饰方面，专家能发挥的作用有两个方面：一是找到委托人想要的房间；二是实现委托人的装修愿望。如果只是告知住户装修方法，或者只筹备符合概念的家具，这些都非常简单。但是要表达出各自想要什么样的房间却是相当困难的。如果你没有想象过自己理想的房间，不妨从现在开始，以房子主人的角度具体地思考细节、收集资料。

约 4300 ~ 5700 元人民币，
跳出柱子，老旧单间脱胎换骨

首次来首尔，同时生平第一次独立生活！这个房间的住户在釜山长大，为了准备就业而来到首尔。一直向往着首尔的生活，如今她终于有机会了。她一边做着首尔梦，一边打听着租房子，但房价好贵，房间好小……原以为只有就业门槛高，没想到在首尔生活门槛更高，装修房子就更渺茫了。原本以为单间都是四角形的，但是凸出来的墙壁怎么这么多，根本不知道把家具放在哪里。

新建房的基本构造和状态都很好，但这样的质量总是和昂贵的价格成正比的。大部分人用紧巴巴的预算租来的房子，都会与期待的理想房子大相径庭，墙壁走向总是有凹凸，户型结构怪异到让人不禁怀疑房子的用途。越是破旧的房子，情况越严重。但家具产品有很多种，解决的方法也很多，因为这个世界上刚好有适合奇怪户型的家具。

before 家具摆放不得体，窗户上挂着不搭调的芥黄色窗帘。

利用户型结构分割空间

该单间的实际坪数为 20 平方米左右，但是卫生间较大，因此可以用作卧室的空间很小。最高预算约 5700 元人民币，我们按照 8:2 的比例将其分为家具和装饰用品两部分。这个单间里原本有一张床和一台电视机，但为了有效利用空间，我们决定不用它们，并制订了装修计划。

由于住户正在准备就业，需要一个专注学习和工作的地方，刚好房间里有一块地方，两头都堵着，因此我们决定最大限度地利用这个空间。这个地方在锅炉房和冰箱之间，从墙面凹了进去，两侧都被墙堵着，所以我们在这块空地摆放了桌子。接下来，我们把最大的家具——床摆放在窗户旁。由于其他方向墙面长度不够，所以也没有选择的余地。

购买清单：

种类	品牌	产品	款式	价格
家具	LISSEM 家具	凯瑟琳收纳床 SS	仅床架	约 1053 元人民币
窗帘	DECO View	酒店式白色雪纺窗帘	两幅双叶 -230	约 447 元人民币
床上用品	DECO View	牛奶星刺绣寝具	SS 被罩	约 411 元人民币
窗帘	DECO View	亚麻风遮光窗帘	象牙白一副双叶套装	约 375 元人民币
小家具	LASSEM	全身镜系列	400 全身镜	约 318 元人民币
小家具	DODOTMONO	RAY 落地式收纳化妆台	浅橡色	约 318 元人民币
灯具	MARKETB	OMSTAD 立式灯	复古黑	约 264 元人民币
家具	MARKETB	书桌 2 竖列	OLLSON 书桌 - 白色	约 246 元人民币
小家具	DODOTMONO	坐垫椅	黑色	约 205 元人民币
小物件	ABLUE	多插口电线收纳盒	插座盒（USB 款）	约 205 元人民币
布艺品	HOUSE RECIPE	艺术桌 6 选 1	L/ 蓝桉	约 175 元人民币
灯具	ROOM nHOME	布鲁克林桌立式 3 色	白色	约 158 元人民币
小物件	LIKEHOUSE	室内打孔收纳板（白）	4 号（535×740）	约 141 元人民币
瓷砖贴纸	MARKETB	LEITER 4 段梯式置物架	窄 / 白色	约 91 元人民币
布艺品	DAILYLIKE	150×60Rug -06 Indi pink		约 82 元人民币
小物件	BOMNAL PROJECT	室内海报北欧相框粉色沙漠		约 76 元人民币
灯具	STORYROAD	棉球灯	雪花（灰 / 粉 / 米色）	约 76 元人民币
其他		杂费		约 356 元人民币
			总计	约 5000 元人民币

虚拟布置图　　户型结构奇特的房间，布置起来十分受限，特别是像墙柱这样凸出的不平的地方。所以在购买家具之前，准确掌握家具或饰品的尺寸是非常重要的。

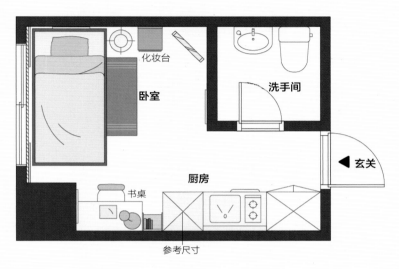

plan

该单间最大的缺点是有凸出的墙柱，我们决定在这里为住户布置一个最有必要的工作空间——书桌。从户型结构上来看，这块空间两边都是墙柱堵着，可以集中精力进行工作和学习。接下来，我们把最大的家具——床摆放在窗户旁。由于其他方向墙面长度不够，所以也没有选择的余地。然后，我们用灯和布艺品把这块空间变得更适合工作和学习。

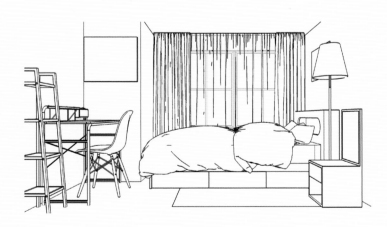

灯与布艺品，拯救工作和学习，美化房间气氛

现在该制订室内装饰用品的计划了，首先就是灯光照明。由于这位住户喜欢黄色的灯光，我们最大限度地发挥了白炽灯泡的黄色照明效果。由于过度照明会很不自然，而且很难调节，因此在适当的位置使用适当的灯具是照明的关键。

床边的落地灯配有灯罩，使得室内的光线变得更加柔和，光凭灯罩就可以打造出静谧的空间。由于床头没有柜子，所以我们没买台灯，而是选择了落地灯。室内装饰菜鸟经常犯的失误之一就是高低不协调。如果高低搭配不协调，住户从心理上就会产生不安感，而且还很别扭。我们将落地灯放在床框和落地式梳妆台之间，使高低保持平衡。

这个床头的收纳空间里也设有黄色的照明灯。按动底部的按钮，灯光可以变为睡前阅读灯或者温馨的氛围灯。这张床虽然设有内置灯，但如果想在床头或床框地面处安装照明灯，只要再灵活安装些装饰灯串就可以了。

我们在床的周围集中布置了照明灯。淡黄色的照明可以营造出安静的氛围，并且有助于睡眠。

tip
落地灯的灯罩打
造出酒店式的温
馨氛围。

tip
为了搭配灯光和整体
氛围，我们选择了象
牙白色的遮光窗帘。

tip
矮梳妆台也可
以用作床头柜。

床头上面整齐地摆放着小饰品。床旁边的落地式梳妆台下用很多棉球
灯进行装饰，显得很充盈。

我们在床头梳妆台的抽屉下面，用无线棉球灯进行装饰。这种棉球灯是用干电池的，所以不用处理线头问题，也不受空间的限制，可以自由使用。此外，大家还可以尝试壁挂灯或者树形装饰灯等多种风格。

以前的黄褐色窗帘都收起来了，换上了象牙白的遮光窗帘和雪纺窗帘。雪纺窗帘与白色的床单相呼应，如果只拉上这一层雪纺窗帘，窗外的前楼屋顶还是会看得清清楚楚，因此我们选择了双层窗帘。

在房间里融入主人的喜好

壁挂式相框是最能赋予房间个性的单品了，在相框里放入不同的艺术作品，整个房间的氛围也会跟着变化。装点相框有很多需要注意的事项，对于初学者来说可能会有点棘手。首先，要在家里的墙壁上选择比较空旷的地方，或者空间高低不协调的、需要相框来保持平衡的地方。

选好相框的位置以后，就要确定相框的尺寸。只要参考市面上的相框规格，找出与房内家具相搭配的尺寸就可以了。接下来是插图。以这个房间为例，我们选择了印第安粉（烟粉色）作品，既与房里的颜色协调，又比较显眼，可以成为亮点。至于相框，我们选择了与黄色灯光相配的金色框架。像这样选择房内已有的颜色（家具或灯光），就可以降低失败的概率。这个相框使用了无痕钉，可以不留痕迹地挂在墙上。

小妙招：巧用梳齿钉 无痕挂相框

事实上，住在月租房里，钉个钉子都要看房东脸色。但也不能因此就让墙壁空荡荡的。现在为大家推荐一个不用钉子也能挂相框的小妙招——利用韩式梳齿钉。

1. 首先把相框抵在墙面合适的位置，利用手机 APP 来确认水平线。
2. 确认水平以后，用铅笔淡淡地标出准备落钉的位置。
3. 手持梳齿钉，与墙壁呈 45°角插入墙面。然后把梳齿钉深深插入，直到接触墙体内壁。
   ＊如果插得不深入，不仅相框挂不住，就连壁纸也会被撕开。
4. 最后在上面轻轻地放上相框，大功告成！
   ＊不同尺寸的梳齿钉所承受的荷重也不同，所以购买前一定要确认。

最大限度地确保收纳空间

除了厨房里的壁柜和鞋柜外，这个房间根本没有收纳空间。为了解决这个问题，我们放弃了原有的床，选择购买了一个新的收纳床。一般来说，床底都是没有空间的，但是这种收纳床的床垫下面全是收纳空间。收纳床的抽屉是从两侧打开的，贴墙放的那一侧抽屉不方便打开，因此可以在那一侧放一些过季的衣服或不经常使用的大体积物品。

壁柜和锅炉房之间有一块狭小的空间，原本放着全身镜，我们把它改造成住户居家学习的地方，方便她的就业准备。我们在

在墙壁凹进去的小空间里，我们将桌子和书架并排布置在一起，既能提高学习和工作效率，又能增强收纳能力。

书桌旁放了一个狭小的书架，以便把需要的书放在架子上保管。这块学习空间位于墙凹处，方便集中注意力学习；但是光线较弱，因此我们在桌子上放了一个台灯来弥补这一缺点。

我们在原本放全身镜的那面墙上安装了打孔板。打孔板可以用来收纳或装饰，有多种用法，如果挂上首饰就更个性化了。打孔板内部也安装了 LED 小灯，在这样小的部分也用黄色灯，就会给人一种协调的美感。我们又购置了电池灯泡，安装在打孔板的内缘，这样就完全让打孔板发挥了照明作用。

桌子上只放了台灯、钟表和纸笔，营造了静心学习的好环境。
墙面上挂了打孔板，突出了装饰重点

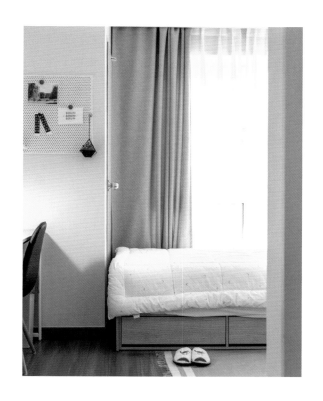

成为宅男宅女的那一刻

这个房间的住户曾经把房子比喻成恋爱，令我记忆深刻："一开始总是喜欢宅在家里无拘无束，一出门就想赶紧回家；后来却有一天不想回家了，还讨厌做家务。这种对家的感觉就好像恋爱一样，爱着爱着就淡了。"

我对这个比喻产生了强烈的共鸣。我们要像照顾恋人一样，怀着感情照顾房子。刚装修完成后，住户一眼就迷上了自己的房间。现在，她又像对待自己的孩子一样悉心照顾着。当背井离乡、与家人分居，房间就像自己的子女一样给我们安慰和陪伴。

约5700元人民币，像套间一样布置单间

一个人租房独居了十年，对于频繁地搬家已经熟悉和适应了，但每次搬家依然觉得心累，每次都没法彻底整理好。因为每次搬家都是新的学期，这时候学校功课也超多，新房整理也超麻烦，所以早就失去了对美好独居生活的憧憬。通常就是把被子和第二天要穿的衣服从行李箱里掏出来，每天过得都好像刚搬家的第一天一样。就这样不知不觉过了两天……一个月……三个月……

这个房间的住户独居了十年，她的经历和上面所描述的差不多。由于学校生活太累了，这位住户连装修房间的想法都没有了。就这样过着过着，不知从什么时候开始，她就习惯了现在的房间，甚至想："这样也挺好啊，非要装修房子吗？"

如果重复这样的生活方式，就不会感觉目前的生活状态有什么不便，也就会渐渐淡忘对漂亮房子的向往。如果总是只顾眼前的事情，那装修就总会被抛到脑后。对于这位住户来说，她需要给这样的生活

before 即便搬进来很久，也因为没有归纳行李而乱糟糟的家。

画上句号。刚开始独居的生活状态没必要一直持续下去。就好像第一个扣子扣错了，我们也没必要每天穿着歪七扭八的衣服。以搬家为契机，就可以在新家重新开始新的生活。这样就可以找回当初对独居的美好期待。

确定整体装修方向

这个房子的正中间有个壁柜，这样的结构相当特殊，所以制订装修计划的时候，多少有些棘手。但是我们精心制订的装修计划，可以将这个缺点转化为优点。我们以壁柜为基准，将壁柜右侧的带厨房的区域作为客厅，将壁柜左侧的区域作为卧室和学习区。这样一来，单间就可以像套间一样使用了。

这位住户喜欢温暖的颜色，我们选择了明亮而温暖的颜色基调，搭配这个色调的家具和饰品。考虑到要换床、沙发等大型家具，我们就把预算定在了约 5700 元人民币。

在装修房子的过程中，耗时最久、费心最多的就是挑选产品的阶段。"这个也好，那个也好，挑哪个好呢？""我不知道哪个更适合我的房间！"陷入了这样的选择障碍，就算征求朋友的意见，也会左右为难。在这里教大家一个小妙招：把你平时喜欢的风格照片摆在一起，总结它们的共同点，这样你就会自然而然地发现扎根你心底的审美风格。

用自己喜欢的家具填满房子，再配上搭调的小饰品，这样才能算是完成了室内装饰。如果挑选饰品有点困难，那就先定个基础色调吧。只要与房间色调（现有的家具、地板、壁纸、造型等）相协调，则可视为成功了一半。

购买清单：

种类	品牌	产品	款式	价格
床垫	SLOW	SBU 记忆棉床垫套	超级单人（SS）	约 2296 元人民币
家具	PLZEN	双人布纹防水沙发 雅致白		约 1505 元人民币
小家具	FURNITURE LAB	NOLI 藤条抽屉柜		约 1292 元人民币
床	BONIE 家具	常春藤抽屉式单人床		约 997 元人民币
家具	DODOT MONO	置物架式书桌		约 525 元人民币
窗帘	DECO View	酒店式白色雪纺窗帘	两幅双叶 -230	约 448 元人民币
小家具	MONDAY HOUSE	隔板式衣架 & 五格系列		约 364 元人民币
灯具	IKEA	ANTFONI 落地式读书灯 / 镀镍		约 353 元人民币
小家具	MONDAY HOUSE	折叠桌系列	A 款	约 335 元人民币
灯具	MARKET B	OMSTAD 落地灯	银色款	约 324 元人民币
小家具	DODOT MONO	RAY 落地式收纳梳妆台	象牙白	约 312 元人民币
饰品	ABLUE	多插口电线收纳盒	插座盒（USB 款）	约 208 元人民币
床上用品	DECO VIEW	格雷安 夏凉被	床单被罩 SS	约 200 元人民币
饰品	RYMD	干蓝桉帆布油画框		约 135 元人民币
饰品	RYMD	LIVE LAUGH LOVE 帆布油画框		约 135 元人民币
饰品	RUMOOD	挂式皮革收纳袋		约 115 元人民币
布艺品	韩日地毯	TOUCH ME 地毯 100 × 150cm		约 95 元人民币
饰品	MOOAS	LED 电子时钟	白色迷你 LED	约 93 元人民币

合计　约 9732 元人民币

虚拟配置图

安排家具的时候要把它们划分为两类：可移动的和固定的。其中"内置家具"是典型的不可移动的情况，所以除了"内置家具"以外，我们要好好把握可支配空间。先划分出大致的功能区域，然后在各区域配置必要的家具即可。

plan

这个房间的正中央有个固定的壁橱，我们要将这个特殊结构的缺点转化为优点：把壁橱右侧带厨房的空间划为客厅，左侧的空间就划为卧室和学习区。这样一来，这个单间就可以像套间一样使用了。

壁橱是划分
区域的基准

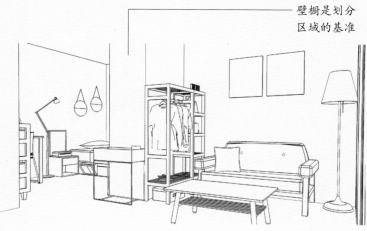

单间变套间的有效活用 1：客厅 & 用餐区域

　　要想从单间里分离出一个客厅是相当困难的，但幸好该房间有个独特的壁橱结构，于是我们把厨房这一侧的空间划定为客厅兼用餐区域。客厅的中心是一个双人布艺沙发和一个桌子，我们在这两边分别放了衣架和落地灯。

　　在沙发上方并排挂着两个大小相同的画框，给房间增添了亮点。画框是一个整体，没有单独的框架和单独的图画，

tip
用两个相同尺寸的相框，让墙面满满当当。

tip
用植物柜挡住壁橱的尴尬位置，帮助分离区域。

tip 可折叠式的桌子提高了空间的活用程度。

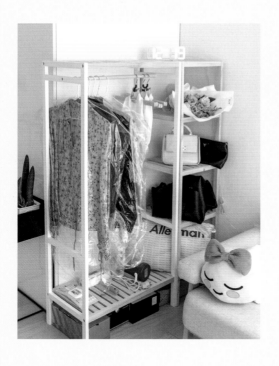

把置物板和衣架组装起来以后，按用途分类放置衣服和包等物品。

整个房间好像开了滤镜一样，屋里给人的感觉焕然一新。这就是雪纺窗帘的魔力。

所以可以单独使用；画框的重量较轻，挂在墙上也比较容易。只要有画框在墙上，就能充分体现装修的效果。但由于外层没有框架保护，所以画框的表面很容易堆积灰尘；如果要想更换图画，每次都要买新的画框，这是一大缺点。

考虑到客厅和厨房的连接性，我们需要购置一个餐桌，于是选择了可用作茶几的折叠式原木桌。这个餐桌离水槽较近，所以不使用时，应折起来保管，以免妨碍人的走动。

虽然有固定的壁橱，但还需要更多收纳衣服的空间，所以我们在壁橱后面单独安放了衣架。这个是需要组装的，只要看着附带的说明书，用一个六角扳手就可以轻松地组装成功。这个衣架是置物板组合款，所以经常穿的衣服就挂在衣架上，包或帽子就保管在置物板上。在置物板的下方有一个缝隙空间，这里可以用来收纳鞋盒。

窗帘总是不可或缺的。让阳光可以直接穿透的雪纺窗帘，最大限度地发挥了房子的光线优点。大多数单间都设有卷帘或百叶窗帘，这就影响了房子的美观。在一开始装饰房子的时候，我们只在客厅挂上了窗帘，但房间住户见识到窗帘的威力后，就在卧室里也挂上了窗帘。

单间变套间的有效活用 2：卧室 & 学习区域

客厅的另一边就是壁橱的左侧空间，我们把它装饰成学习房和卧室。由于衣服太多，单靠壁橱是无法完全收纳的，再加上床也要换新的，因此我们决定购买一个收纳床。

桌子这边也增加了一个收纳柜，这就解决了背包、冬装、袜子、毛巾等的收纳。室内装饰最重要的三大原则就是"舍弃、整理、隐藏"，而敞开式的衣架很难收拾，如果不是整理衣服的高手，就很难保持整洁美观。因此，即使抽拉不便，抽屉型家具收纳东西却很容易，并且看起来更加简洁，利用率也很高。

由于房间的住户还是个学生，所以书桌是她最需要的东西之一。虽然也需要放书本的空间，但书的数量并不多，因此我们选择了书架一体式书桌。如果你正在犹豫要不要购买书桌，就请回想一下平时你使用书桌的时间多不多。如果使用频率不高，书桌就会变成占地儿的累赘，所以一定要考虑是否真的需要。

该住户跟我说一定要把床摆在窗户边上。放床的位置前面有个不可移动的梳妆台，这个梳妆台的位置无法更改，是方便主人坐在床上使用的。住户的生活习惯对室内装饰布置十分重要，因此我们选择了一个尺寸合适的收纳床。

书桌上摆放了可以灵活转头的台灯。　　　　不透明的收纳柜看起来更简洁。

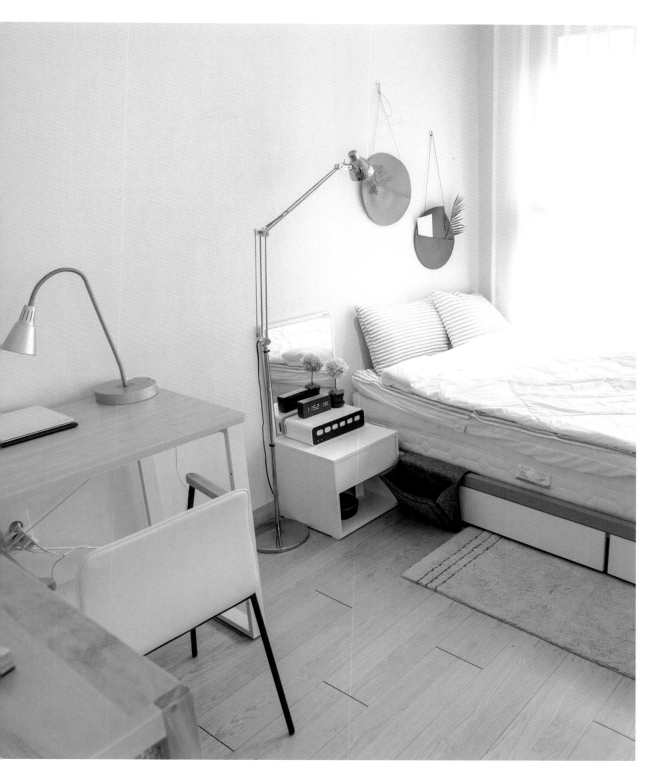

分离后的学习休息区，床就在阳光洒落的窗台旁。

人们总是爱用画框装饰墙面。但如果每天看相框有些厌烦，我们推荐您在挂相框的钩子上挂上这种别具一格的壁挂式装饰品。

　　床旁的这个坐式梳妆台可以代替床头柜，我们在上面摆上了多功能电线收纳盒、电子时钟、道具等。如果您一刻也离不开手机，那么我们强力推荐这个多功能带电线收纳盒，它内置USB 接口，可以方便地为手机充电。

　　没有床头板可能会让床头的墙面看起来空荡荡的。这里可以挂相框，但如果觉得相框太突兀，就可以使用壁挂式小饰品。我们选择了皮革质地的壁挂袋，随意地挂在了床头。之前挂画框的时候是标齐了挂的，但壁挂袋则是一高一低地搭配了一下，这样一来，视线自然会被分散，墙面空间看起来更加丰富。每到换季的时候，可以用花环或植物来更换壁挂袋的花边，也可以用照片或明信片进行装饰。

一直没学习家装，可一旦开始就完全着迷了

这位住户虽然较早就开始独居生活，但从未想过"打造自己的小天地"。她说她甚至已经在想，下次如果搬进更宽敞的房子该如何打扮房间了。每次我们推荐一些家装用品，她都会说"啊！为啥我以前不知道这些东西"，并对以往的独居生活直呼可惜。

有句话说，房如其人。其实房间主人反过来也会受到房间的影响而发生变化。租房时间越长，装饰房子的重要性就越大。如果房间里满是主人喜爱的物品，这个人就会有很强的安全感和满足感。即使居住地发生了变化，只要是按照自己的喜好去置办物品，无论到哪里都能安定下来。

挑选适合独居的床上用品

购置我的第一套床上用品

买东西的时候，挑选床上用品需要非常慎重。如果只是按照自己的喜好挑选款式，那就大错特错了。如果你在为独居生活购置床上用品，或者准备更换床上用品，那就一起来了解一下注意事项和挑选要领吧。

01 床上用品的名称

被子类

薄棉被 面布和棉花一起缝制，不可拆洗、面布和棉花不可分离的一种薄被。

单被 只有一层布的薄薄的夏季用被。

绗缝被 棉质细密而薄的被，可以盖，也可以铺在床上使用。

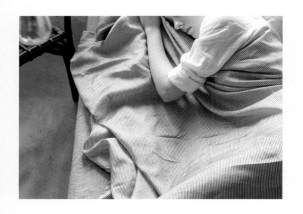

床单类

床笠 像床单一样铺在床垫上面，上面有带子用来固定在床垫上。

床罩 把床和床垫整个覆盖住，尺寸比床要大。也可以代替被子使用。

床尾巾 为了防止弄脏床，铺在床上使用。由于床笠或床罩不会经常清洗，所以就铺上这种好洗的床尾巾。

填充物

化纤棉 四季都可以使用。价格比纯棉和鹅绒便宜，但保温性和触感并不逊色。又轻巧又好洗，所以很实用。

鹅绒 根据质量和含量的不同，鹅绒的价格也会有所差别。鹅绒的缺点是价格较贵，并且偶尔会掉毛，但却能提供非凡的温暖性和舒适感。质地较轻，较难保管。

棉 作为天然材质，棉花的保温性和吸水性都很好，也不会对皮肤产生刺激，因此多用于婴儿被子。虽然是温和的填充物，但是棉花比较笨重，保管起来比较麻烦，所以现在 100% 的纯棉已经很少用了。

02 寻找我喜欢的材质

每个人喜欢的材质千差万别。随着纤维技术的发展，材质也变得多种多样。被子每天贴着我们的皮肤，其材质真的很重要，让我们一起挑选最适合自己的材质吧。

人造丝

虽然看着顺滑，但是摸起来触感比较粗糙。不容易产生静电。质地较轻且不贴身，因此多用于夏季床上用品。

亚麻

接触皮肤的时候触感比较粗糙。吸汗和透气性都很好，主要用于夏季或换季期。

棉

根据加工方式的不同，棉的触感也不尽相同。100% 的纯棉柔软结实，含棉量越低就越薄越粗糙。购买棉被的时候一定要确认一下含棉量是多少。棉与化学纤维不同，很少让人过敏，因此很适合孩子以及皮肤敏感的人群。棉制用品耐碱、耐高温，所以高温洗涤和熨烫也毫不影响材质。

泡泡纱

泡泡纱不是材质，而是材质的加工方式。它是指粗糙的褶皱条纹，由于这种加工方式的特点，泡泡纱的一面很少与皮肤接触，主要用于夏季。

莫代尔

虽然根据纤维混纺比率有所差异，但是手感基本都很柔软，反复洗涤也不易变形。

超细纤维

由于这种材质保暖且柔软，所以主要用于冬季。由于超细纤维编织较密，所以隔热保暖，但也容易粘上灰尘、产生静电。尽管如此，其保暖性仍然无可替代，所以一到冬天就受到人们的热烈追捧。

第二章

先解决问题再装饰吧

在各大网站上逛一逛，就会看到很多漂亮的室内装饰照片，有时还会挑一些喜欢的保存下来。当你想要参考这些照片，把这些装饰代入自己的房间时却总会产生变数。由于自己的房间构造和照片不同，自己的行李也是满满当当，这些问题就变成了实战环节的绊脚石。在这一章，我们总结了独居者在装饰房子时经常遇到的问题，并提供了解决方案。或许这就是给大家的"装修难题精选集"吧！让我们看一看不同类型的解题方法，解开装修方程式吧！

没地方放行李啦！
约13平方米的长方形单间

　　每次一打开大门，映入眼帘的就是乱糟糟的衣架。由于早上要找衣服穿，所以将衣架翻得乱七八糟，而这种乱七八糟的状态就一直持续到我下班回来。衣服太多快要溢出来了，但壁橱里却没有地方放了，这些衣服也不能全部扔掉……在家里最扎眼的地方，就是衣架——好像被哈士奇破坏了一样，真希望谁帮我收拾一下。

衣架病症大诊断

　　生活在单间的人们最先解决也是最渴望解决的问题就是收纳。由于房间比较狭窄，户型又会有很多制约，所以过季的衣服或不经常使用的大件物品都很难收纳。要解决这个问题，就需要目前市面上的各种款式的收纳家具。光衣架来说，根据结构可分为挂钩式、隔板式、抽屉式、挂钩隔板一体式、挂钩抽屉一体式等多种类型；另外还可以分为移动式和固定式,最近还有把篮子和抽屉加挂的新款式,所以选择范围很广。由于价格便宜、收纳空间大,很多人选择了固定式衣架。但是衣架会将形形色色的衣服不加掩盖地展现出来,如果不像服装卖场一样根据种类和颜色进行整理,就很难保持整洁美观的状态。

在这里,我们要提醒您,不要忘记装修的原则是"整理和遮盖"。如果衣架难以整理,那就把它乱糟糟的样子遮住吧!如果您还未购置衣架,就请考虑带帘子的衣架;如果已经有衣架了,那就要购买尺寸合适的帘子,进行简单的安装即可。

制订解决方案

在制订室内装饰计划时,最要紧的就是先检查目前的住宅状态。这个单间最大的问题就是:如何把这么多行李全部收纳起来。首先要挑选必需品和可扔掉的非必需品,从而减少行李总量。接下来,我们用帘子遮住那个怎么都整理不好的敞开式衣架。如果仍然感觉收纳空间不足,行李仍然没地方放,可以尝试代管行李的服务。虽然会产生费用,但是在搬到大房子之前,这仍然是比较实惠的方案。

收纳方案制订以后,我们的第二个计划是:让房间看起来更大。这个单间除了一面墙外,其余三面都有浅绿色的墙纸。为了使房间看起来更宽敞,我们决定给四面墙全部刷上白色的漆。墙面处理有两种方法,如果自己动手,我们推荐刷漆。因为刷漆比较便宜,而且初学者也可以轻易上手,比贴墙纸还容易。如果一定要贴墙纸,我们推荐刷胶式壁纸。

tip
灰色的床上用品能
够营造出井然有序
的感觉。

tip
把灯口朝向天
花板，灯光就
有间接照明的
效果。

tip
垂吊植物给房
间注入了生机。

tip
餐桌的桌面可以折叠，这
对狭窄的空间大有帮助。

预想配置图：

要收拾好狭小的房间，一定要考虑住户在房内的
活动范围。让我们一起来找出符合自己生活习惯
的活动轨迹吧。

before 以前在整个房间
里，衣架所占的面积过
大。当务之急就是减少
负担，空出一些空间。

plan

移动了抽屉柜的位置以后，
不仅能遮挡脏乱，还能发
挥房间主人最看重的收纳
功能；对于不雅观的敞开
式衣架，我们决定用帘子
把它遮盖住。

用抽屉柜把玄关
和房间分离开，
挡住部分视线。

衣架乱糟糟的部
分就用带轨槽的
帘子遮盖住。

洗手间

玄关 ▶

化妆台

抽屉柜

轨槽 + 暗幕帘

洗衣篮

全身镜

卧室

厨房

750*400

折叠式
餐桌

1500*1200

参考尺寸

折叠式餐桌不用的时候
可以收起来，确保住户
的活动空间。

床的长边紧贴
窗台摆放。

难点攻克 1：基本配置让空间看起来更宽敞

大多数的单间，卫生间都与玄关或厨房连在一起；但这个单间与众不同，卫生间位于最里面。除了卫生间之外，这个单间就是一个面积约为 13 平方米的长方形。

我们把新买的床的长边贴窗摆放，衣架的位置就保持原样。我们选择了可折叠式的餐桌，并把它摆放在床和冰箱之间，因为房间太小，住户总会在这片狭窄的地方走来走去，这样的摆放就不会影响其正常活动。在狭窄的房间里，折叠式家具和收纳型产品总是能发挥出巨大的威力。将焦点放在空间的有效利用上，就能够最大化地使用房间了。

折叠式餐桌可以空出不少活动空间，新买的床贴窗摆放。

一打开门就看到整洁美观的抽屉柜。我们在天花板安装了窗帘和轨槽，遮住了衣架上乱糟糟的衣服。

难点攻克 2：房子的第一印象，干净利落的玄关

玄关是进屋时首先映入眼帘的空间，它决定了房子给人的第一印象。以前这里是堆满衣服的衣架，现在则是整洁利落的抽屉柜。这个五格抽屉柜是家里原本就有的，我们将抽屉方向朝着玄关的方向旋转了 90°，充分起到了隔离玄关和室内的"屏风"作用。

我们在抽屉柜的上方放置一个尺寸正好的矮式梳妆台。它原本是放在地板上使用的落地式化妆台，放到抽屉柜上之后，就变成了符合住户身高的立式化妆台。虽然新买一个立式化妆台也可以，但是尺寸太大会放不下，并且收纳空间也不足，因此我们就这样"组装"了一个。这种抽屉柜和化妆台的拼装组合，不仅提高了收纳能力，也满足了住户想要立式化妆台的愿望。

难点攻克 3：用帘子打造秘密收纳空间

化妆台的旁边原本是杂乱无章的衣架，现在用与白墙同色的白色遮光窗帘盖住了。看不到内部衣服的花色，整个室内的颜色就产生了统一性。另外，敞开式衣架还有一个问题是衣服可能会受损，这样遮挡以后就可以遮挡灰尘和阳光了。

虽然市面上也卖带帘子的衣架，但是为了不浪费家里现有的衣架，所以只买窗帘和滑轨就可以了。在网上搜索"窗帘轨道"，很容易就能找到这款产品。

难点攻克 4：白色 & 灰色 增添温馨舒适感

用白色墙漆把原本的绿色墙纸涂盖以后，我也重新认识到，墙壁颜色的不同，营造的空间感也十分不同。这就验证了前面所提到的布艺品的重要性，因为墙壁和布艺品一样，在房间里占据的面积都很大。只要是白色，就一定显得宽敞。

一般来说，在狭小的单间里使用亮色的床具会显得更宽敞一些，但现在墙漆和遮衣帘都是白色了，整个房间已经够亮了，所以床上用品的颜色我们选择了暗色系。在此基础上，床上靠背垫子我们又选择了亮色，这样不仅弥补了没有床头板的缺点，整体颜色也很平衡。

我们用窗帘把窗户上难看的贴纸遮住了，但由于滑轨无法挂双层窗帘，我们巧妙地使用了 3 叶窗帘，这样就起到了双层窗帘的效果。衣架那边已经使用了长长的落地帘，所以床边就使用与窗户高相符的短窗帘，以此来保持平衡。假设使用长窗帘，那么就要在床与墙之间留出来一点空隙，不然窗帘就没法拉动。如果要留空隙，就要进一步挤占原本就狭窄的活动空间。所以无论如何，还是使用较短的窗帘最合适。

为了更充分地利用狭小的空间，我们购置了可折叠式餐桌。不用的时候，可将餐桌折叠后放在宽敞的厨房使用。不仅如此，桌子旁边还有搁板，因此可以用来保管厨房用品或书籍，也可以用来摆放室内装饰品。下面放些常看的书，上面就摆放喜欢的植物和氛围灯等。

漂亮的小饰品 拯救朴实无华的房间

很多美妙的小饰品因为不实用而被认为是"漂亮的垃圾"，但是它们的真正价值却在狭小的空间里闪闪发光。装饰用品就是有这样神奇的本领，它能在任何地方吸引人们的视线，让人忽略房间的朴素甚至不雅观。但是过度使用也会让人不知道看哪儿才好，容易给人一种重点分散的感觉，所以使用装饰品还是要注意的。

装修完毕以后，住户打开门，惊讶地说："我是不是走错房间了。"原本总扎眼的衣架突然消失得无影无踪，怪不得住户会认不出。事实上，衣架还是在原来的位置，房间的基本配置也都没有改变。只是掩盖了衣架，统一了色彩，又把美丽的小饰品放在各个角落。光是这样，房子就变得焕然一新。

行李太多，整理不过来了！
约 16 平方米的正方形单间

在独居生活十年后，终于租到了全租房，搬离了半地下室。终于可以尽情实施一直未能实现的装修计划了。但是十年间竟然买了那么多东西，想自己动手整理一下，却反而无从下手。有些东西想要扔了，但又觉得没准会用到，结果又一件一件收起来了。上次邀请朋友来家是什么时候呢? 好想和朋友们在家里开 party 哦。

行李为什么会变多

一般来说，装修的时候首先会考虑在空荡荡的房间里放什么。房间越大，烦恼就越多，为了填补空荡荡的房子，有时还会买些不必要的产品。但这样买来的东西与其他家具不搭，还会使房子看起来很挤。

对于装修来说，让每一件物品各得其位是非常重要的。如果物尽其用，每个家具都能发挥最大的价值；但如果相反，那就全都是操心和麻烦了。虽然每次买错，但一看到房里的空角落，还是会买到"合适"

before 一半以上的物品并不使用，只是徒占空间，因此成为住户的负担。

的家具，最后净给自己添乱。所以一定要有"买得慎重，丢得果断"的觉悟。因为一般习惯囤积起来的东西，实际使用时只会用到其中极少的一部分，绝大多数都是占地的累赘，偶尔会在房间的角落里看到罢了。

这位住户也有囤东西的习惯。我们帮她扔掉了不能再穿的衣服、前住户留下的抽屉柜子、空烧酒瓶……一些不知道什么时候会用到的购物袋只留下了两三个看起来比较新的，其他全都扔掉了。此外，有些过季的衣服和正在考虑是否要扔掉的衣服，我们就寄放到代管行李的店里了。

行李整顿完成，开始空间设计

　　腾空房间以后，就到了考虑装饰概念的阶段。在设计装饰风格时，定好主色调，就可以顺利推进装饰计划了。住户喜欢浅粉色系，不喜欢冷淡的颜色，根据其喜好，我们选择了米黄色。米黄色很适合这个房子的基本情况，它的优点是比白色耐看。

预想配置图

平面图看起来不太直观，但如果看 3D 图，就会看到很多重要的装修元素，比如区域划分的情况。由于家具都是垂直的长物体，所以在平面图上很难看出立体感；但是看 3D 图的时候，家具的摆放对空间分隔来说非常有帮助。

plan

以大窗户为基准，左边是更衣室，中间是客厅，右边是卧室。我们根据住户的喜好，把米黄色定为房间主色。我们计划用衣架和收纳柜来储存行李，把它们干净利落地遮住。

2000*1500

2000*1800

香蕉蜡烛 凳子兼床头柜
加热器 座垫

起居室

床尾桌

参考
尺寸

厨房 屏风
月球灯

分类垃圾筒

雨伞架

▲玄关

置物式衣架有很强的收纳能力，附带的帘子可以把乱糟糟的衣服都盖住。

空间分离 3D 图像：从玄关看客厅的角度

极力发挥厨房上下柜子的收纳功能，用布艺品把旧的家电盖住。

空间分离 3D 图像：从卧室看客厅的角度

tip
双层窗帘突出了
采光优势。

tip
黄金组合：绿植和流苏蕾
丝为窗台注入了生机。

tip
圆形地毯为房
间明确分离出
了坐席区域。

难点攻克 1：让大窗的魅力更加突出

布置房间时，我们需要有一个"必须突出表达"的基准点。对于这个房间来说，房内的大窗让阳光照射进来，成为这个房间从早到晚的重要基准点。我们以这个大窗为基准，把左边划为更衣室，中间划为客厅，再把右边划为卧室，这样一来，整个房间就被分成了三部分。

住户的床原本放在窗台下面，被阳光照射着；我们为了提高住户的睡眠质量，增强休息时的安全感，就把床移到里面。原本衣架有点挡着窗户，我们也把它挪到了尽可能不挡住窗户的位置。

正如平面布置图所示，我们为了让住户睡得安心，将床安排在了靠墙的位置，但是这样一来，每次一进门就会看到床。为了弥补这一缺点，我们购置了一个网格式屏风。网格式屏风不是实墙，它有很多小小的洞口，既不沉闷，又能阻挡视线，是一款非常有用的产品。

我们在屏风上挂什么样的饰品，就会让屏风演绎出什么样的风格。但是没有必要专门去买装饰品，只要将平时携带的包包、收到的贺卡等自己的东西搭配挂上，整个房间就会变得温馨。

把原本位于房间中央的床挪到一
边以后，坐席休息区就更大了。

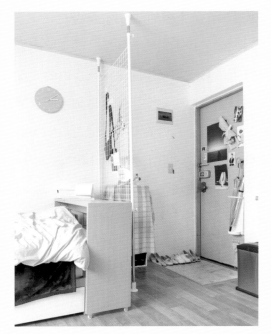

网格式屏风是薄钢材质地，不会让人感到沉闷，分隔出的空间也比较
自然。玄关收纳柜上面的月球灯可以像灯塔一样常开。

屏风下方的鞋柜上放置着一个月球灯，外出之前打开灯，这样下班回来的时候，一开门就会看到迎接自己的隐隐发光的月球。据住户说，她每天下班时都特别疲劳，但是每次回家开门的瞬间就会被这个月球灯治愈。

难点攻克 2：更舒适的睡眠空间

从原本被阳光直射的位置转移到墙边以后，这一片睡眠空间才有了卧室的样子。这张床是住户原本就有的，我们只更换了床的位置和床上用品。白色的床上用品虽然看起来很漂亮，但是不耐脏，打理起来很麻烦。因此，我们选择了房间的主色——米黄色的床上用品，这个颜色看久了也不会腻，可以用很长时间。

没有床头板的床可能看起来会比较空旷，因此床头墙壁的装饰和枕头的造型很重要。我们在墙上贴了海报，并搭配了可爱的同色系新月灯，整个房间装饰的完成度就更高了。

在柔和的米黄色房间里贴上黄色系的海报，再挂上新月形霓虹灯，使墙壁变得多姿多彩。

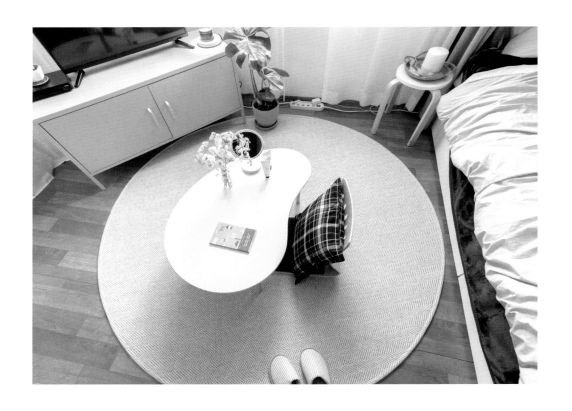

难点攻克 3：脏乱灰暗的地板，变亮变干净吧

接下来就是床左侧的客厅空间了。客厅的地板革有些脏旧，所以我们购买了个大号的圆形地毯，将地板革全部遮住，打造了一片坐着活动、休息的空间。与其他家具不同，地毯最好是买大号的。如果不喜欢地面暗沉沉的颜色，或是想换地板革却预算不足，快购买一个亮色的地毯吧，这样就能以低廉的价格给家里带来提亮的效果。

方形地毯会给人一种空间划分太精确的感觉，稍不小心就会使房间显得狭小。而圆形地毯则具有扩张空间的效果，很适合狭窄的房间。地毯和床单、窗帘一样，面积都比较大，所以一定要选择与房间主色相配的颜色。

由于这位住户喜欢盖着被子坐着看电视，所以我们把电视机斜着摆放，这样一来，在床上或地毯上就都能看到电视画面了。人们总有一种固定观念，觉得所有家具都要贴在墙上正着摆放，但其实斜着布置家具，能展现出与众不同的感觉。这样围着圆形地毯放置家具，稍微倾斜地转动一下，还能给电视机后面留出空间。

难点攻克 4：室内装饰的不二法门"隐藏神功"

"这次装修完了，我一定要每天好好收拾房子！"比起下这样的决心，我更推荐每天把杂乱的东西藏好。自带防尘帘的衣架是不需要窗帘滑轨的，衣架上端有特别自带的挂帘杆，安装起来也很容易。衣架上方可以用来挂衣服，下方就可以放入大小合适的抽屉柜，这样就能收纳更多的衣服。以后可以把容易起皱的或者体积较大的衣服挂起来，裤子和针织类衣物可以折叠起来放入抽屉柜，这样就可进一步提高收纳能力。

自带遮帘的衣架不需要另买滑轨，安装起来更方便。

衣架和抽屉柜搭配使用，可以收纳更多的衣服。

难点攻克 5：伴侣植物 为房间增添升级

很多植物在家装方面备受青睐，因为植物不仅给室内增加了活力，还能给独居的人们带来生活上的陪伴。虽然室内栽培植物很流行，但是一定要考虑住户的生活方式和环境情况。如果养绿植没什么经验，那么请牢记：好养活的植物是第一选择。

窗边挂上一盆吊兰，长长的叶子轻轻垂下，和轻爽的窗帘非常相配；电视机旁摆上一盆龟背竹，这样就可以遮盖那些复杂的电线了；至于厨房和玄关，则搭配了与水声相配的水景植物。

据说，经常看看绿色能给人一种安定感。您也尝试在家中常看到的地方放上一棵清新的植物吧，怎么样？

美观整洁的家 才能让人真正地放松

这个房间原本行李都要溢出来了，但如今被我们收拾整顿以后，看起来宽敞到令人惊讶。房内还迎合住户的喜好，打造了一个温馨而舒适的坐席休息区。房间的变化也对这位住户产生了影响。她找到寄存的行李，重新审视以后又扔掉了不少东西。

后来她还跟我们说再也不想囤不必要的东西了。她邀请朋友举行了一直心心念念的聚会，还会在周末的早晨慵懒地起床，给花盆浇水，边看电视边吃自己烤的面包，享受着简单的宅女幸福。希望她在崭新的房间里，能感受到完整的安定感，让身心真正地放松。

想要分离空间！
约 23 平方米的正方形单间

这个案例的住户已经有 2 年的装饰经验，她的工作内容就是介绍漂亮的室内装饰，寻找需要帮助的人，并帮客人把房子装饰得非常漂亮。"既然是装修从业者，您本人的房子一定很漂亮吧！"虽然经常听到这样的话，但是真的不符合实情哦！就像厨师在家不做饭一样，装修从业者对自己家的装饰其实是很疏忽的。这位住户下班回家以后，甚至怀疑这是不是自己家。她说："我的房间这么乱，光把别人的家装饰得那么漂亮，这像话吗？"

把头脑中的想法付诸实践

如果想自己作为设计师装修自己的房间，可以尝试"装饰我的房间"这个项目。这位住户已经在做室内装修相关的工作，已经习惯了把家装当成工作，所以装饰自己房间的时候也会觉得像是在工作一样。可以说，这是一种职业病了。她说，总是去装修别人的房子，时间久了

组装式家具太多，于是找了朋友来帮忙。

感到越来越无力。她开始想："要不把这段时间被客户拒绝的想法应用到我的房间里吧？"于是，她怀着这样的想法开始了拖延已久的房屋装修。这是一个足足有约23平方米的单间，为了有效地利用空间，她考虑进行空间分隔，并构想了低矮的坐地式的装饰风格。

从个人喜好出发

由于这位住户平时在家里除了睡觉不干别的，因此我们将焦点放在了睡眠质量上。首先，为确保独立的卧室空间，我们利用格子柜把卧室进行分隔。

另外，最大限度地减少立式家具，因为这位住户基本上过着坐式生活，这样既保留了熟悉的东西，又能让房间看起来更大。由于床架会显得房间更窄，因此她果断地决定去掉床架，只铺床垫。整个房间的基础色是白色，同时点缀了她喜欢的印第安粉（烟粉色）。

tip
白色的雪纺窗帘
让一个单间变成
酒店式大房。

tip
轻薄而保温的酒店式被
罩，虽然价格稍高，但
性能很好。

tip
吊灯像风铃一样挂在天花板上，
给房间增加了独特的趣味。

tip
壁挂式 CD 机，
根据 CD 封皮演
绎出不同的感觉。

tip
格子柜发挥了
假墙的作用。

预想配置图

布置房间的原则是：遵循住户的生活方式。如果卧室特别重要，整个房间也要围绕睡眠来布置家具。最简单的方法就是加大卧室面积，或者把卧室安排在最里面。

plan

本着迎合住户生活方式的原则,我们为提高她的睡眠质量,确保分隔出单独的卧室,并将重点放在了坐式生活区的布置上。首先,我们用格子柜把卧室和其他空间分离开来。卧室里没有床,只有床垫,并且客厅也只用了坐式装饰,所以房间总体看起来空间也会更大。

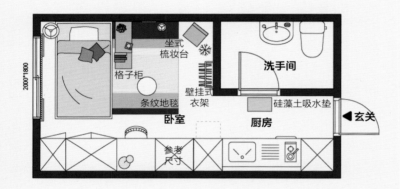

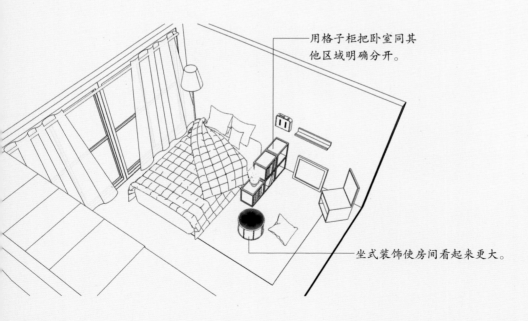

用格子柜把卧室同其他区域明确分开。

坐式装饰使房间看起来更大。

难点攻克 1: **用格子柜来分离空间**

　　住在单间里有一点很尴尬，由于厨房、客厅、卧室的界限很模糊，很多时候都不知道自己是在厨房睡觉还是在卧室吃饭。为了解决这一点，我们用格子柜明确标出了卧室的界限。这样分隔后，就打造出一个更温馨的卧室空间，躺在这样的地方感觉很安全惬意。

　　这个格子柜是将原本立式的两格柜和三格柜放倒后堆起来的，它们的质地并不像书桌那样重，在以后的生活中还可以尝试各种布置。比如可以贴在墙上使用，或者单独分开来一字排列。另外，还可以根据用途分别保管书、衣服、小物品等，它的收纳功能也非常出色。甚至还有用格子柜做成收纳床的案例呢。

难点攻克 2：**空间分隔后 催眠效果超神的卧室**

我们把床安排在格子柜后面，在房间的最里面。我们用绵软的白色寝具演绎出了酒店般的氛围，枕头则用各种尺寸搭配在一起，并装点了粉色，使整个床的颜色不再单调。比起单放一个枕头，放两三个枕头，会显得更加充盈和温暖。

很多情况下，人们都不愿意舍弃床而只使用床垫，所以希望大家能认真考虑利弊，并根据本人的喜好来选择。只用床垫，最大的优点就是可以节省成本，只要买个床垫就行了。并且由于离地板近，或许会更有安全感。还有人说，睡地板床垫不会有睡在高床上悬着的感觉。如果家里有孩子，也不用担心孩子们会撞到床架或从高床上掉下来而受伤。

不过，缺点是如果不通风，湿气加重，就很容易发霉，而且由于与地面摩擦，床垫的寿命也可能会缩短。并且起床时会更费力一些。

床头的墙壁上贴着住户收藏的 CD 播放器，架子上还放了几张唱片。CD 机为室内装饰，着实发挥了不小的作用，同时也是独处时的治愈良品。

难点攻克 3：空间分隔后 舒适的坐席休息区

在格子柜的另一侧，我们铺上了地毯，覆盖了整个客厅，并布置了小桌子和梳妆台。我们选择了带有烟粉色点缀的地毯。梳妆台斜着摆在最里面。一般认为，狭小的空间里，家具应该贴墙摆放；但其实稍微斜放一些，整个房间才不会显得太闷。

小桌子原本是个金属制品，但由于看着冷冰冰的，我们就借用日式被炉的灵感，用温馨色调的布盖住了桌子。想象着坐在炉边，一边吃饭，一边看书，打造一个像漫画房一样可以躺着随便玩的空间。

难点攻克 4：固定式收纳柜和敞开式挂衣架
合理利用壁挂袋 攻克收纳难点

站在梳妆台一侧回头看，就会发现一个壁橱书桌一体柜。因为收纳空间不算大，所以只收纳了一些当季必需的衣物。为了方便保管经常穿的外套，我们在过道入口处增设了衣架。如果您选择开放式衣架，最好统一挂衣钩，这样看起来就会更加简洁、整齐。这个挂衣方法既简单又明确，只要购置一些挂衣架即可，推荐给大家。书桌很小巧，可以在家里简单工作的时候使用。因为两边有不可移动的壁橱和冰箱，上面还有固定的柜子，所以书桌所处的环境十分昏暗，必须要使用台灯。我们在桌子上方的墙上挂了一个壁挂式收纳袋，可以收纳纸笔等文具用品。

盖桌子的布料和颜色，应当考虑季节变换来选择。

房内有一个壁橱书桌一体式设计，但收纳空间并不大。在这种情况下，壁挂式的衣架要比立式的衣架更省空间。

装修这件小事

如果每次都能随意装扮房间该多好啊。事实上，如果和顾客一起商议装修事宜，设计师提出的大部分方案都没法实施。一来可能是费用原因，二来或许只是单纯的审美不同。在敲定最终方案之前，这些商讨都是不可避免的，但遗憾的是，被淘汰的方案失去了发光的机会。因此，大部分创新实验性的尝试都用于设计师本人家里了。亲自实践后，就可以修改需要改进的地方，以后向顾客推荐时，还可以讲述自己生动的装修后记。

这位住户说，她经常为别人打造美屋，这次为自己的房间装修，有了很多新的感受。她说，通过这次装修，重新拾起了早已忘却的自己的审美；自己装修后发现别扭的地方，别人一定也觉得别扭，所以，以后会多多站在客户的立场看问题。希望以此次装修为契机，她能够进一步成长，也期待她打造出更多漂亮的房间。

买了网红装饰品怎么使用呢?
约 23 平方米的长方形单间

由于对装修非常感兴趣,所以我购买了很多网红的"装修必备""超人气单品"等。但是真的很奇怪,明明在网上看的时候很漂亮,一放到家里就不知道该怎么摆放。放着放着莫名就变得又乱又不自然。我要的不是这个感觉,到底是哪儿出了错呢?

风格布局大诊断

只要是对室内装饰感兴趣的人,在这个房间里一定能看到熟悉的网红单品。梯形置物架深受大家欢迎,甚至被称为"国民置物架";另外还有折叠式桌子、沙发床、收纳置物架等人气很高的单品。但多少让人觉得混乱,因为这些网红单品风格并不统一,并且布局也不够协调。

这个约 23 平方米的单间是长方形,除了壁橱和厨房外,所有靠墙的地方都摆满了家具。所以空间显得很压抑。另外,除了墙壁之外,

狭小的空间，一般有两个人整理就足够了。

房屋中间完全没有利用，显得空荡荡的。在这种情况下，只要稍微改变一下布局，就可以将空间加倍有效利用。

小空间 大利用

要想高效利用空间，就应当明确概念，并根据该概念来统一配置家具及物品，让它们各司其位。为了分离空间，我们计划购置一些与现有的梯形置物架相配的家具，并排摆放起来，起到墙的隔离作用。我们还计划在置物架的后面安装幕布，这样就可以躺在床上用投影仪看电影了。分离后的空间分别界定了卧室、起居室和客厅。这位住户以前是坐在沙发床上用折叠式桌子吃饭的，但由于使用不便，我们把沙发床处理掉，决定重新购买餐桌。客厅所需的餐桌、椅子和投影仪计划使用预算的 50% 左右，其他预算用于购买室内装饰品。

预想配置图

空间规划就如同切豆腐，只要根据用途来划定功能区即可。例如，在长条形的房间里，可以利用一些家具，把一个大房间分成两三个小房间，从而起到分隔空间的作用。

before

原本的窄面墙壁边摆满了家具，现在我们要多多开发长面的墙壁。

玄关

分类垃圾筒

鞋柜

卫生间

吧台餐桌

卧室

厨房

书桌

衣柜

参考尺寸

我们用两个梯形置物架摆成分隔墙，再在一侧铺上地毯，这就分离出了起居室和客厅。

plan

虽然屋里已经有很多家具了，但由于风格不统一，因此决定再购买一个同款的梯形置物架，用于空间分离和收纳升级。我们计划在明确分隔的空间里，让家具们各司其职，并利用角落的零碎空间来增强收纳力。

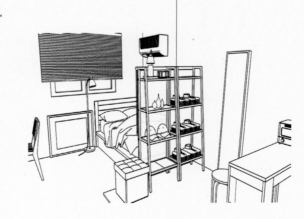

难点攻克 1：利用梯形置物架 清晰分离空间

我们在房间中央放置了两个梯形置物架，分离出了卧室的空间。即使没有墙壁，只用架子简单隔开，也能够更多样地活用空间，还给人一种房间很宽敞的感觉。壁橱放不下的衣服，就可以叠好放在梯形置物架上，并放上了手表、蜡烛和煤油灯进行装饰。

为了最大限度地展现空间分离的感觉，我们还在地板上铺了地毯，在梯形置物架前面设置了储物凳和全身镜，打造了一个简单的梳妆空间。打开储物凳的盖子，内部是收纳空间，可以用来储存吹风机或纸巾等物品。

梯形置物架的后面挂了一个幕布，这就打造出一个舒适的私人影院。以前躺在床上的时候，会直接看到大门，总让人感觉不舒服，如今用屏幕和梯形置物架挡住，就解决了隐私暴露的问题。后来，住户表示大屏幕最大的缺点就是让人周末变得爱赖床了，总体比以前的小屏幕好得多，因此住户感到非常满意。

住户现有的床是没有床头板的，但使用激光投影仪就需要床头板（投影仪要放在床头板的架子上使用，迷你投影仪比较小，可以放在窄窄的床头板上）。在这种情况下，比起购买新床，不如单独购置床头板更省钱。床头内侧又单独设置了间接照明，营造出温馨隐约的气氛。将之前使用的深颜色床单换成灰色和白色条纹，并将原有的大画框放在床边作为点缀。

tip
折叠式桌板大
大提高了空间
的活用度。

tip
梯形置物架在分离空
间的同时，还发挥了
投影幕布挂架的功能。

tip
LED 灯兼有装饰
效果和实用功能。

tip
香草蜡烛暖灯
还可以发挥安
神的功能。

06:02

床头放置激光投影仪,床尾挂上幕布,这样就可以躺着
观赏电影了。

两个梯形置物架并排摆放，看起来像一堵墙。每层置物板
放上了不同种类的物品，兼有收纳和展示的双重功能。

难点攻克 2：活用零碎空间，优化收纳配置

玄关的鞋柜旁，摆了一张长条形的爱尔兰吧台式餐桌。这个餐桌宽度较窄，看起来不至于笨重，而且侧面还有收纳空间，所以应用程度很高。我们还买了好几个同款餐椅。这些椅子不用的时候可将其叠起来保管，具有节省空间的优点。

玄关门上贴了一个壁挂式收纳盒，可以用来保管经常携带的小物品，卫生间的门上挂着一个挂门式收纳架，可以解决收纳空间不足的问题。这两种收纳神器都很容易安装，也都具备良好的收纳功能。收纳盒的背面是磁铁做的，可以贴在玄关或冰箱上使用。挂门式收纳架对于收纳空间不足的单间来说，是我们最推荐的产品。如果你因为厨房壁橱收纳空间太小而感到苦恼，用这种挂门式收纳架就可以轻松地解决这个问题。安装方法也非常简单，只要往门上一挂就行了。

难点攻克 3：桌子要尽量简洁

整理桌子的重点就在于干净利落。只要把桌上的书摆好，桌子本身就会成为一个装饰亮点。唯一遗憾的就是壁纸不好看，但由于无法刷漆和重贴墙纸，所以我们尽可能地遮住显示器周围的壁纸部分，就这样完成了此次装饰。桌子上的铁丝网置物架可以遮住一部分壁纸，在上面贴上美文摘抄或图画，就变身为个性十足的装饰品了。

餐桌的下方设有收纳空间，可以用来保管厨房用具。

卫生间门上的收纳架里摆放了一些零食、泡面等食物。书桌墙上的壁纸没法换掉，所以我们努力使书桌的设计和色彩尽可能简约。

约 23 平方米新发现

装饰完成后，房东满怀新奇地看着房子说："同样是约 23 平方米，现在看起来好宽敞。"原本摆位不当的家具，在重新摆放以后，整个房子的混乱气氛也消失了。房东表示，现在才明白约 23 平方米并没有那么狭小。他还说以后要周期性地改变布局和更新饰品。

在做菜的过程中，即使是同样的食材，不同的烹饪方法做出的菜品也会有所不同。装修也是一样。同样的家具，以不同的搭配方式装饰出来的结果也会有所不同。

因此，比起盲目购买网红产品，照着自己喜欢的装饰照片一次性买齐所有的装饰品，这样的成功率其实更高。之后只要比对照片稍加变化，慢慢寻找属于自己的装饰风格就可以了。

东西太少了！
约23平方米的长方形单间

每当回家打开门，我就忍不住会想，这是有人住的房子吗？买了床垫、被褥、椅子等必需品以后，生活上就没有什么不方便了，所以我纳闷到底还需不需要再买些什么。就现在的状态来说，我对我的家完全没感情，甚至连邀请朋友来家里都会感到有点丢脸。也有人只用很少的生活必需品过着帅气的极简生活，但是我的生活是非自愿的极简。真希望这样的极简生活快点结束。

问题诊断：为何房间空旷又冷淡？

第一次构思房子的装饰时，总会为买什么东西而苦恼，尤其在买完生活必需品以后更是如此。"还需要什么呢？""要不在这里再多放一件家具？"如果你也像这样不知道买什么，就想一想自己喜欢什么活动吧。如果你喜欢的活动（比如睡觉、做饭、泡咖啡厅等）也能在家里进行，那你就会更加喜爱自己的家。

只靠床垫就能生活的这位住户，唯一关心的事情就是喝酒。作为一个饮酒达人，他既喜欢在外面喝酒，也喜欢在家喝一杯洋酒。于是我们以此为主题，构想了一个可供单人或多人喝酒吃菜的"家庭酒吧"（home bar）装饰计划。

别具一格的自助式家具

意想不到的极简生活。比起密密麻麻的极繁主义，极简主义在装饰房子的时候显然更容易一些。为了配合"home bar"的概念，我们最需要费心的家具就是吧台式餐桌。该单间的壁橱基本上保证了充足的收纳空间，因此我们没有购买收纳家具，而是选择在吧台上增加收纳功能。为了打造世界上独一无二的"home bar"，我们决定定制家具，但并不是100%的定制。由于制作家具的价格较高，我们在普通的双层书柜上铺了原木板并组装，减少了不少费用。如果是用过的旧书柜，那就更省钱了。

另外，在home bar里，最不能缺失的就是温馨的气氛。为了填满冷清的房间，我们在购物车里添加了暖色灯和装饰用品，并进行了结算。为了整体上调节亮度，我们选择了灰色的床单，同时还购买了不显暗又能保持色彩平衡的雪纺窗帘。购物果然令人愉快啊。

预想配置图

这个房间虽然东西少，但从反面来看，这也意味着安排空间的自由度高。由于空间大，床头朝向哪个方向都没关系，所以我们觉得以后时不时地改变一下床的位置也好。

before

以前，这里只是一个睡觉的地方而已。屋里的单品十个手指头都能数过来。

最终定下来的"平行布局法"

plan

这个住户喜欢喝酒，于是我们把吧台安排在靠近厨房的位置。至于床的位置，要考虑住户的活动轨迹和空间利用情况，以此决定是要与吧台平行摆放，还是要旋转 90° 摆放。

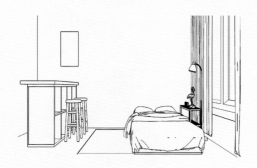

方案 B：床头靠窗摆放

方案 C：吧台靠窗摆放

难点攻克 1：宽敞的空间，自由的布置

从进门的玄关开始，这个房间的家具摆放顺序是：吧台、地毯、床垫、衣架。由于家具较少，可以尝试各种布局，但最终我们决定采用平行布局法，家具摆放不偏向任何一边。如果房间情况适合，我们推荐把吧台靠窗摆放，以发挥吧台的情趣。但是，该房间的楼间距较小，透过窗子就能看到对面的建筑物，因此我们放弃了这个想法，并决定把吧台摆在厨房附近。但有些遗憾的是，我们很苦恼床的位置，是与吧台平行摆放呢，还是旋转90°让床头靠窗呢？最后我们决定保留这两种方案，等真正开始装修的时候再在现场做出最终决定。如果行李不多，而且空间宽敞，是可以自由进行各种构思和尝试的。

最后装修的时候，我们在现场将两种方案都尝试了一下，考虑到住户的活动轨迹和空间利用情况，最终认为平行布局更为合适。

难点攻克 2：灯光和饰品 打造舒适空间

我们在床头摆放了一个双层原木置物架，并将一些装饰品摆在适当的位置。LED 电子时钟不仅充分发挥了报时的作用，还兼有照明效果，是常年人气超高的网红单品。

我们在电子时钟旁边摆放了一个与"home bar"概念相配的彩灯。这个灯采用了火烈鸟形状的设计，非常适合 home bar 的装饰风格。落地灯摆放在窗户中央，它的光线强调了置物架上的这些小物件；同时还可以调整角度，将光线反射到墙壁或天花板上，当作间接照明来使用。

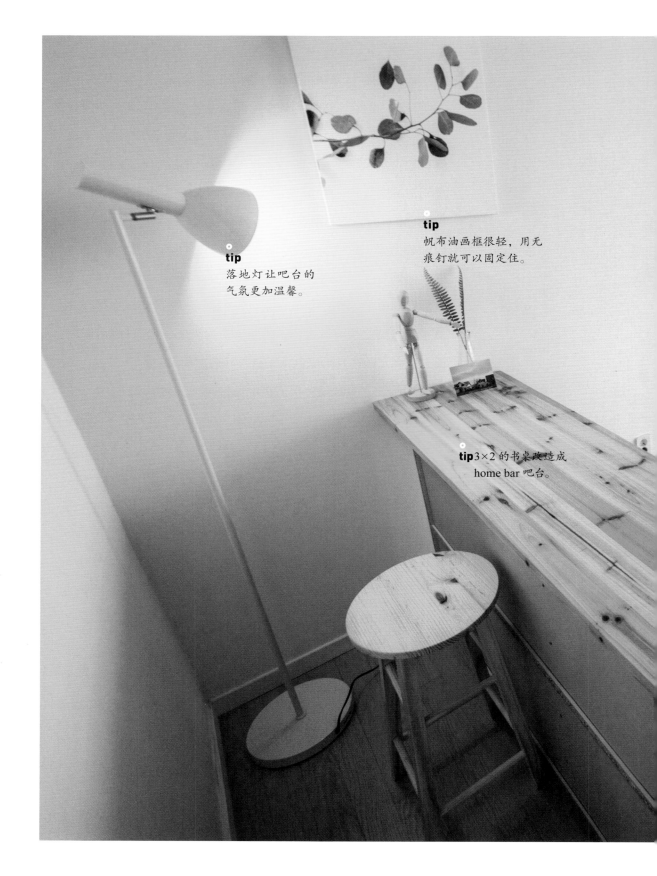

tip
落地灯让吧台的
气氛更加温馨。

tip
帆布油画框很轻，用无
痕钉就可以固定住。

tip 3×2 的书桌改造成
home bar 吧台。

tip
床垫和床单都使用统一
的色调，演绎出一种干
净整齐的感觉。

tip
床上色彩简约的时候，
地毯最好带些图案，
给整体带来一点变化。

难点攻克 3：迎合住户的喜好，打造梦寐以求的 home bar

这是用世界上独一无二的定制吧台打造成的"家庭酒吧"。这个吧台是用书架和原木板拼接而成的。由于是儿童书架，所以大小和高度正适合用作吧台。原木板和椅子是一起购买的，都是杉木材质。为了让住户坐在椅子上时有个放腿的空间，我们把桌板裁剪得比底下的书架要宽一些。为了有同样梦想打造"家庭酒吧"的读者，我们在本书中公开了吧台的制作方法。

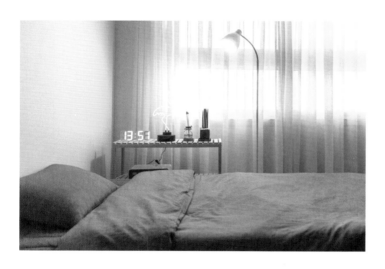

窗边的双层原木置物架上，高低有致地摆放了一些小物件。

第一步 用砂纸磨平桌面

由于木板表面粗糙，所以在制作前要打磨光滑，这样日后使用时才不会受伤。我们先后使用了 400 目*、600 目、800 目的砂纸，按顺序进行打磨。由于木板棱角比较尖，所以我们要仔细把每个角落都打磨成圆润的形状。

* 目表示砂纸粗糙程度的单位，数值越低，砂纸越粗糙。

第二步 用增光剂来收尾

家装增光剂是用于家具表面的一种涂层剂，具有防划伤、防污染的作用，是制作家具必须经过的步骤。增光剂大体可分为釉光和亚光两种，我们选择了釉光款进行作业。涂好后要放到通风好的地方，风干一天左右。

第三步 原木板和书柜合并

到了拼接桌板与书架的步骤了。只要用螺丝刀把螺丝钉固定好就行了。在这之前，需要根据书柜和桌板的厚度，预先计算出合适长度的螺丝钉。

第四步 用小饰品装点 home bar

做完吧台以后，只要再摆一些饰品就算装饰完成了。由于书架格子较多，各个格子分别承担着收纳、装饰等多样的功能。中下方的格子里摆放了棉球灯，营造出温暖宁静的气氛。我们还把住户珍藏的酒杯和洋酒摆出来，与灯光进行搭配，不仅完全契合概念主题，更成为房内炫酷的装饰品。

我们都是宅男宅女

爱宅在家的人总是说："家里的事都忙不完，干嘛要出门消遣花钱啊！"如果仔细观察，你就会发现：他们把外面的事情都放在家里做。烹饪、运动、电影欣赏、音乐欣赏、读书……这些兴趣爱好都可以在家里进行，因此人们就不用外出了，也就自然而然地成为"宅男宅女"。

房间改造以后，这个住户下班后就爱早回家了。他减少了在外面吃饭的频率，还买了大米，打算以后在家里做饭吃。这就是"家庭酒吧"带来的变化。不管怎么样，让我们把兴趣带回家吧。让家成为你想待的地方，一个你想早点回去的港湾。

搬到大房子后怎么装修？
约23平方米的正方形单间

　　"啊！这才像人住的房子嘛。"我一开始住半地下室，后来辗转于面积约5平方米的单间，这次是我住过的最大的房子。房间面积足足有约23平方米，把行李沿墙排成一列，墙面竟然没有排满！现在终于拥有了可以装饰的房间。如今房子也大了，该好好地进行室内装修了。我从宜家买来了很多东西，没想到进展并不顺利，因为我不知道该怎么布局安排。原来房子大了也有苦恼啊。

打破俗套 大房子问题大诊断

　　如果是狭窄的单间，布置就很简单。在狭窄的空间里，哪块是睡觉的地方，哪块是挂衣服的地方，这些布置都存在着默认的规则。这是因为狭小的房间在理论上压根没有可分离的空间。在那种狭窄的单间里生活已经十多年了，导致这个房间的主人习惯了俗套且简单的布置。

虽然各个房子的户型不同，但从约 23 平方米开始，装修的操作可行性就提高了，可以尝试把房子分隔成多个空间。我们可以把大房间分隔成寝室和更衣室，或者寝室和厨房，又或者寝室和客厅；总之，以寝室为基础，我们可以另外分离出一个附属空间。至于打造什么样的空间，一定要考虑住户的生活方式。在宽敞的房子里，在提高生活便利性的同时，让我们来布置一下这个家吧。

空间分离：打造卧室和更衣室

一个家必须要打造好睡觉的空间。这个房子的住户一直没有床，只是直接铺被褥睡觉，不睡的时候就把被褥叠起来放着。因为她一直在狭小的单间里生活，所以习惯了这样没有床的生活。但其实，在空间使用上，没有床对家装来说更有利。因为这相当于去掉了最大的家具，规划区域面积的时候需要考虑的家具面积就减少了。除了铺被子的空间外，占地面积第二大的就是衣服。这位住户的衣架和抽屉柜比较多，因此我们判断：她所需要的附属空间就是更衣室。

空间分离的最简单方法，就是把家具摆在想分隔的边界上。一般来说，格子柜和书架的分离效果较好；但如果空间不宽裕，则推荐使用网格式屏风。这一次，我们用住户的宜家电视柜进行了空间分离。此外，我们还购买了更衣室所需的全身镜、移动式置物架，还购买了让卧室更温馨的灯和饰品。

预想配置图

所谓"黄金比例",是指看起来最和谐、最理想的比率。这一法则在空间装饰上也同样适用。对于单间的区划来说,大体按照1:1.6的比例进行布置,可以达到最理想的空间分配状态。

plan

我们把电视柜摆在厨房的延长线上,划分出了卧室和更衣室。为了最大限度地利用现有的家具,我们将预算定为约2327元,并制订了以饰品为主的购买清单。

寝室区域 用电视柜和梯形椅把卧室分离开,然后计划装饰。

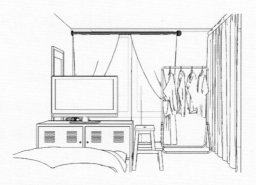

客厅区域 在电视机后面安排了全身镜、衣架和移动式置物架,计划将这里打造成可以化妆和换衣服的空间。

难点攻克 1：用家具进行简单的空间分离

我们在房间中央摆放了一个电视柜，将睡觉的地方和做外出准备的区域分隔开来。电视柜和梯形椅都是住户既有的家具，我们只是将其位置移动了一下，用来分离房子的空间。我们计划以电视柜为标准，左侧划为卧室，右侧划为更衣室。

一般来说，分离空间的时候都会使用比较高的家具。但由于该单间没有床，所以整体的视野比较靠下，因此即使电视柜不高，也完全可以用来分离空间。如果是有床的房子，就要利用书桌、书架等稍微高一点的家具，这样分离起来效果会更好。

用于分离空间的电视柜

tip

原木置物架比较百
搭，摆放在任何地
方都很合适。

tip
设计简约的文字
画框不露痕迹地
成为装饰重点。

tip
一个简单的台灯，打造
出优雅的空间。

难点攻克 2：生平第一次拥有的更衣室

我们在电视柜后面放置了全身镜和移动式置物架，打造出一块可供住户化妆的空间。房里没有专门的化妆台，所以把化妆品都放到移动式置物架里，搭配全身镜刚刚好。这面镜子是住户当初满怀期待买的。在狭窄的空间里，配备超大的全身镜，会让人产生房子很大的视觉错觉效果，对室内装饰也很有帮助。

原本在窗前的电视柜挪走以后，映入眼帘的窗户看起来好像比想象中还大。由于窗前是换衣服的地方，为了确保隐私，我们专门安装了雪纺和遮光组合的双层窗帘。另外，由于空调脏乱不堪，所以我们用布艺挂画轻轻遮盖了一下。

全身镜前的落地灯是这位住户以前就有的东西，我们用灯串做了点缀。虽然落地灯在单间里比较常见，但是挂上了小灯串以后，就摇身一变，成了独具特色的落地灯。我们还使用了竹篮。竹篮可用于遮挡盆栽的花粉，还可以作为衣物篮使用，现在我们把它与落地灯搭配，用来遮挡落地灯的灯座。

我们以电视柜为分界线，从寝室区域分离出了更衣室，并置放了全身镜、充当梳妆台的移动式置物架、衣架等，虽然比较简单，但是实用性很强。

难点攻克 3：夜越深 灯越亮

卧室最大的变化就是照明。针对这位住户既有的家具，我们只变更了床头的置物架，另外增加了装饰用品和灯。寝室的地板上铺了地毯，以便与更衣室更明确地区分开来。地板的差异也有助于空间的分隔。除了灯具以外，其他的物件都是在线下实体店购买的，金额合计约 29 元人民币。虽然金额较小，但装修效果确实是很明显的。

为了展现出温暖又端庄的感觉，我们在米黄色的地板上搭配了白色、黑色和灰色。由于几乎没买任何新家具，因此我们在饰品、照明和布置上花费了很多心思。我们在电视柜上放置了一个驯鹿角形状的首饰挂架，挂上闪闪发光的项链和耳环以后，就变成了独特的装饰品。

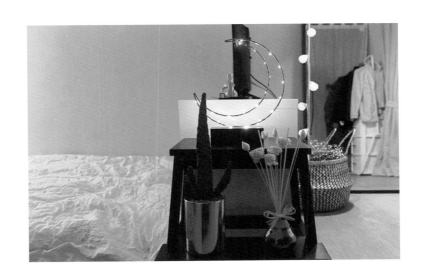

网红单品是有理由的

　　该单间的最大优点是，住户原有的家具都还能继续使用。如果一个人化妆时打底没做好，就会出现浮妆的情况；同理，如果基本家具都横七竖八，即使用再漂亮的饰品遮上，也不会有足够的遮盖效果。而化妆时美白调色阶段就相当于家装的照明和点缀部分。

　　随着网络上的室内装饰教程广泛传播，消费者们挑选产品的眼光也逐渐提高。天底下没有无理由的畅销品，如果总是受到大众的追捧，就可以充分证明这是好产品。使用网红产品也意味着有很多参考实例。如果您对装修没有信心，我们推荐您选购一些家装的网红单品。参考网上众多的实例资料，试着试着，就会在某一瞬间找到适合自己房子的布置方案。

屋子太暗了！
约 20 平方米的单身公寓

这个公寓里有一整面墙几乎都是窗户，所以一开始我非常期待。可是窗户大了有什么用啊，视线都被前边的建筑挡住了！由于在首尔很难找到采光完美的房子，所以签约的时候觉得这种程度的采光就算是不错的了。但住了一阵子以后，不知是不是因为太暗，在家里就感觉很孤独、冷清，就连我养的猫米莱也毫无生气，每天呆呆地看着窗外。从这一点来看，我似乎不喜欢阴郁黑暗。每天早上我出门的时候都会想："米莱只能自己待在家里了。"所以每次出门的脚步都很沉重。

灯光照明的重要性：打亮整个空间

如果要在家装杂志里，找出那些漂亮房子的共同点，那一定是明亮的光线。因为照明不仅仅照亮黑暗，还能出色地发挥装饰房间的作用。就好像明星拍照靠打光一样，室内装饰时照明灯带来的效果真的很好。

这个单间公寓里照明设施只有天花板上的一个吸顶灯。如果能把

before *白天也很昏暗的房间。*

吸顶灯换掉就好了，但这位住户是月租的房客，所以不太可行。在这种情况下，我们可以使用不施工就能直接使用的灯具。有的灯具是需要进行组装的，但一般是不用工具就能徒手组装的，因此完全没有必要担心。

怎样挑选合适的灯具

室内灯除了需要施工的吸顶灯和壁灯之外，根据灯具的长短可以分为落地灯和台灯两种，其余的大部分灯具都属于氛围灯了。另外，还可以分为插电的有线灯和用电池或充电式的无线灯具。所以在选择灯具前，首先要掌握电源插座的位置。

电源位置确定以后，就要确定灯具的种类了。如果插座不够，就要多使用无线灯具，但如果需要很明亮的灯光，最好安装有线灯具。因为电池式或充电式的无线产品光线较暗，不适合看书或用电脑工作的时候使用。为了将电源引向自己想要的位置，人们总是会把多个插座长时间连接在一起。为了保证安全，我们建议不要连接 2 个以上的电插座。

预想配置图

大件的家具可以在照片上看得很清楚，但一些装饰品却很难表现出来。在这种情况下，将想买的饰品的照片像拼贴画一样集在一起，就可以在购买之前预想搭配的协调度了。

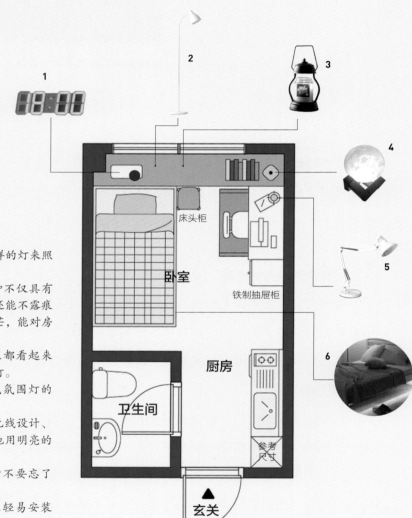

plan

我们计划用各种各样的灯来照亮家里的每个角落：

（1）LED 电子时钟不仅具有报时的功能，而且还能不露痕迹地发出柔和的光芒，能对房间起到装饰效果。

（2）无论放在哪里都看起来干净利落的落地灯灯。

（3）可用作寝灯或氛围灯的艺术复古煤油灯。

（4）3D 月球灯，无线设计、摆放方便，随时随地用明亮的月光温暖整个房间。

（5）看书或工作时不要忘了这个台灯哦。

（6）用胶带就可以轻易安装的隐形 LED 床灯。

这个公寓以窗户为中心，两侧的墙壁共有 4 个电源插口，可以为房内几乎所有地方供应电源。唯独床的位置挡住了电源插口，因此我们用了一个较长的插排，将电源拉到想要的位置。

难点攻克 1：用黄色灯光营造出温馨的氛围

我们在床边和窗边集中布置了照明设施，并在桌子上放了一个台灯，也确保了台灯的亮度适合工作环境。除了桌面上的台灯外，整体光照采用黄色系。除了几个一体式的氛围灯外，所有的照明工具都需要单独购买灯泡。市场上大部分的照明设备都有多个备选的灯泡。

这时一定要确认的是色温。一方面，灯泡光的亮度与耗电量是成正比的；另一方面，可以根据光的颜色，在黄光（灯泡色）和白光（日光色）中选择即可。如果选灯泡的主要目的是照明，那么无条件推荐黄色，因为黄色在视觉上给人一种温暖且稳定的感觉，很适合用于室内照明。至于白色灯光，由于其明亮感很强，会给人一种冰凉的感觉，因此适合在书桌上或需要看清食物材料的厨房使用。但是，在现代风、干净利落的白色房间，有时也会使用白色灯光作为主要照明。

tip
莫代尔材质的
床上用品触感
很柔软。

tip
床底的间接照明
是感应灯，随时
都可以照亮房间。

欢迎我的空间的力量

独居生活的苦不是一点半点的。所有独居的人都经历过的痛苦大概就是孤独吧。刚开始独立生活的时候，没有人会因自由和解放而感到孤独。但过不了多久，每次回家时走进漆黑的房子，打开灯，孤独感便悄然袭来。

这位住户说房子装修后，他总在回家的路上高兴不已。即使什么也不干，只要身处自己喜欢的房间，他就感到很快乐。而且，他还说自己买了一盆花放在桌子上。或许这一切要归功于驱赶黑暗的照明吧。从这位住户明朗的表情中，我们再次感受到装饰房间带来的力量。

想改变当前的房间配置！
约 33 平方米的单身公寓

我工作的地方离老家特别远，所以生平第一次想到了租房子住。我一直觉得第一次租房肯定是自由而满意的，所以一直过着知足常乐的生活。但不知何时起，我开始想：要是能把这个扎眼的百叶窗换掉就好了。这个百叶窗是房子自带的，其实是省了买窗帘的钱了，但如今这个百叶窗是我最大的敌人。我幻想的明明是雪纺窗帘轻柔飘动的美景，而窗户上却是粗糙的黑色百叶窗！也许这就是现实和理想的差异吧。

物品大清点：什么该丢，什么该留？

生活中经常出现这样的情况：好不容易租到的房子，里面的基础配置简直是生活负担。以前的租客留下的东西、固定的壁橱、自带的百叶窗等东西，完全不合我意，侵占着我的生活领地。虽然不能拆除固定的壁橱，但其他家具能不能扔，最好在入住前与房东协商好。

before *深色的百叶窗是房间显小的主要原因。*

这个房子里现在有百叶窗、书桌、抽屉柜，除了书桌可以利用，其他的家具我们决定全部更换。我们观察了一下现在的房屋情况，发现只要改变收纳方式，就能更有效地利用空间。

整理和收纳也是有要领的。如果不养成日常整理的习惯，房子很快就变得杂乱无章。首先要将物品清空出来，再按照用途、使用频率来进行分类，还要按照物品的大小和类型进行整理。

现有家具清单

× 需换 △ 保留 ○ 确定继续使用

○	书桌
×	百叶窗帘
×	抽屉柜
×	方桌
⋮	

预想配置图

这间单身公寓备有充足的基础收纳空间，但没有用来
存放小物件的收纳品。收纳是室内装饰最重要的因素，
所以从最开始的布局阶段就应该考虑收纳问题。

before 这些杂乱的化妆品和哑铃是收纳的大问题。这位
住户以前就把常用的拿出来，其余的放在桌柜内侧，可
还是会让人觉得凌乱不堪。

plan

我们计划撤掉压抑的黑色百叶窗，
按照住户的愿望购入家具，有窗帘、
双人大床垫、投影仪，还有单人沙发。

选项 1 百叶窗使整个
房间看起来昏暗狭窄，
因此要用窗帘替换。

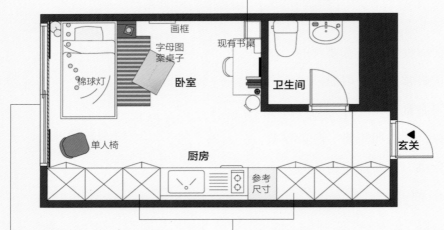

选项 2 书桌又大又厚
实，可以继续使用，但
需要按照装修主题来
装点一下。

选项 3 内置式壁橱占据了整整
一面墙，可是不能拆除，因此我
们决定原封不动地继续使用。可
以在里面整齐地收纳各种大件行
李、衣物、厨房用品和鞋子等。

难点攻克 1：简单的整理 让房间清清爽爽

在成排的壁橱里，有一块带镜子的空间，可以像化妆台一样使用，因此没有必要另外购买梳妆台了。此次收纳的问题主要在于杂乱无章的化妆品和哑铃等物品。即使这位住户是把经常用的拿出来，其余的放在里侧保管，但仍然让人感觉杂乱不堪。

这些化妆品的数量虽然不是太多，但是外形和颜色都不统一，混在一起难免会让人觉得杂乱无章。这时最好购入一个能遮盖多种颜色的不透明的收纳品。但是化妆品最好是一眼就能看清，最好能迅速看清化妆品的种类，因此我们选择了半透明的材质。

按照计划，我们保留了书桌，并安置在原先的位置。由于这个书桌尺寸较大、质地也很结实，所以我们挑选了一些小饰品放在黑色的桌面上。

原本乱摆乱放的化妆品，如今被整齐地放在隔板式收纳盒里。大部分的书都放在置物柜里了，书桌上只摆放了几本住户特别喜欢的，也起到了装饰的作用。

难点攻克 2：实现了独居生活的两大梦想

这是一个焕然一新的卧室，有着温暖的灯光和大大的投影仪，散发着温馨的气息。由于这位住户在家休息的时候总爱躺着，为了迎合她这种生活方式，我们选择了大号的双人床垫。后来她说，床垫又大又舒服，导致她更喜欢赖床了。虽然床垫占地面积很大，但由于卧室里没有其他大件家具，所以整个空间看起来很宽裕。为了不让床垫看起来太大太突兀，我们在床单被罩的颜色选择上使用了一些小技巧。象牙白的床上用品会有一种错视效果，不会让人觉得床的面积太大。虽然白色清洁起来比较困难，但要论干净利落，没有比这更合适的了。

投影仪总是受到广大独居者的欢迎，这位住户也不例外，而她刚好借此装修机会实现了自己的梦想。激光投影仪的种类多种多样，只要根据本人喜好来选择合适的产品即可。住户比较看重便携性、设计感，还有使用简单，所以我们推荐了一个性价比较高的迷你投影仪。因为是迷你款，所以很难连接笔记本电脑或USB。但是它有镜像功能，所以可以和智能手机连接使用。把投影仪放在床对面的梳妆台上使用正好。

我们在征得房东的同意后，换掉了房间自

tip
空白的墙面可以当
作投影仪的幕布。

tip
床头柜不仅能简单
地收纳物品，还能
用来摆放饰品。

tip
双人大床垫确保
了自由富足的床
上休闲空间。

tip
条纹状的地毯和床
的长度比较符合。

带的黑色百叶窗。由于这位住户经常上夜班，所以需要一个深度睡眠的环境，因此我们选择了深灰色的遮光窗帘。而且，我们迎合住户的期待，加上了轻柔飘逸的雪纺窗帘，从而组成了双层窗帘，兼具实用性和情趣。

难点攻克3：单间里难以拥有的沙发 用什么来替代？

这位住户的另一个请求是要购入沙发。但是把双人大床垫放进卧室之后，就没有了放沙发的位置。虽然勉强塞个沙发也可以，但没有必要非放个沙发，把房间搞得拥挤不堪。

因此作为替代方案，我们选择了单人扶手椅。这个椅子是折叠式的，所以长时间不用的时候可以折起来储存，另外椅子的倾斜度也可以随意调整。有时候在外面太忙太累了，回到家里连洗澡都觉得麻烦。这样的话，那就坐在这个斜椅上，一边吃自己喜欢的零食，一边休息一会儿，岂不是很爽？

床的旁边摆着一个原木质地的床头柜。因为没有床架，只有床垫，所以就需要一个辅助的小桌子。我们选择了和白色床单很相配的自然款的床头柜，它的下方可以用来收纳。床头柜上面摆放的氛围灯也是同样的原木自然风格。

床头柜右边平时放着一个画框一样的折叠式桌子。

难点攻克4：整理意味着方便

厨房里的壁橱是内置式的，收纳空间也比较宽裕。但是，经常使用的调味瓶却没有整理好。调味瓶其实和化妆品一样，瓶身大小颜色不一，商标设计互不相同，因此增加了杂乱感。

蓬松的大床垫似乎很容易让人放松，由于没有床框，位置也比较低。沙发和桌子都是可折叠式的，不用的时候可以折起来保管，使空间看起来更宽。

最好的方法是，购买同款的调料瓶，每次都把买来的调味料装到调味瓶里储存。如果不经常在家做饭，也没有必要非得这样做，只要用小款的置物架就可以给人一种整齐统一的感觉。像食醋和菜籽油等瓶身较高的产品就放在下面，而盐和芝麻等较低的瓶子就放在上面保管。各种调料放在一起，不仅看起来好看，做饭时取用调料也变得方便了。

家，甜蜜的家

比起在外的奔波，人在家里度过的时间能有多快乐呢？经过装潢后，这位住户说，下班一回到家，心里就会充满安全感："啊，终于到家了"。结束了一天的工作，躺在床上打开灯，瞬间体会到这一切是多么美好。当生活环境与个人生活方式完美契合，幸福感也随之加倍。不要把这想得太宏大，只要留意自己做什么的时候最自在，去什么样的地方最愉悦，渐渐地，你就会明白什么样的房子最适合自己。

选择合适的照明设施

接下来，我们要介绍一下装修过程中必不可少的因素——照明。在合适的地方安排合适的灯具，不仅方便生活，还会给普通的房间带来别样的氛围。请大家参考灯具的种类和自己的房间来选择照明设施。看完本章 tip，原本复杂而困难的灯具选择将会变得更加容易。

01　灯具的种类

灯具种类多样，款式各异，室内装饰常用的有落地灯、台灯、吊灯、壁挂灯、氛围灯等。应当按种类确定各种灯具的特点，挑选自己需要的照明设施。

落地灯

落地灯是指灯的杆子较高、竖立在地面上的灯具。落地灯具有高度感，所以当您想用一个灯来改变整个房间的氛围时，落地灯是再合适不过的了。落地灯的位置移动起来并不难，所以可以在一个房间的多个位置以多样的形态存在。

桌面台灯

桌面台灯是指杆子比落地灯要短，平时放在桌子、床头柜上使用的灯具。作为室内装饰时最常使用的灯具，桌面台灯有着多种款式。桌面台灯主要用于照射局部光线，而不是用于大范围的照明。

吊灯

吊灯是指用链条吊在天花板上使用的灯具。经常用于餐厅的小桌或餐桌等不大的地方。其特点是通过链条可以自由调节灯的高低。吊灯也有很多漂亮的款式，很适合作为室内装饰的点缀。

壁挂灯

壁挂灯即壁灯，一般为了辅助主灯的光线使用，或为装饰墙壁而使用。壁挂灯照射到墙壁的光线再折射到房间里，会让狭窄的空间看起来宽敞而舒适。

PENDANT LAMP　　FLOOR STAND　　TABLE STAND

FLOOR STAND　　PENDANT LAMP　　FLOOR STAND

BRACKET　　TABLE STAND　　PENDANT LAMP

氛围灯

氛围灯具有柔和的光感，因低廉的价格和良好的效果广受欢迎。氛围灯的颜色有的会持续变化，有的就只发出一种颜色；另外，有的加湿器或蓝牙音响也会自带氛围灯。

02　按空间选择照明

客厅

客厅会主导客人们对整个房子的印象，同时也是主人休息停留最久的地方，因此，客厅的照明一定要营造出舒适的氛围。客厅一般会兼有主灯和辅助灯，其中，主灯要选择比较明亮的，而辅助灯选择隐隐发光的比较好。

在黑暗的角落或沙发的旁边，放置一个落地灯，绝对有助于营造柔和的气氛。

另外，也可以将壁挂灯用作照明或者装饰亮点。壁挂灯即使不开，也可以用来填补和装点空旷的墙壁。

卧室

卧室是人们睡眠休息的重要空间，因此比起明晃

晃的灯光，卧室里应该选择让人心情平稳的光线。在床的旁边或上方安装隐约柔和的照明设施，就会方便睡前刷刷手机、看看书。

卧室里可以使用台灯、落地灯、吊灯等多种照明，但如果卧室空间狭小，或床垫比较低，那就应该选择台灯。

氛围灯可以调节光的颜色和亮度，也是适合在卧室使用的优选照明设施。如果是外形设计美观的氛围灯，或是加湿器和音响上的氛围灯，不论白天晚上都可以开着，起到一石二鸟的装饰效果。

厨房

厨房里的照明设施我们推荐挂在天花板上的吊灯。厨房的不同位置，有不同的照明目的，在使用危险的火和刀的灶台上就要使用亮度较高的灯，在吃饭对话的餐桌上就要使用能够提

高食欲的照明，另外还要考虑灯光的颜色来做出选择。

吊灯有很多不同的材质和设计，有专为孩子设计的卡通吊灯，有干练的钢丝材料制成的工业风吊灯，还有古雅质朴的藤条吊灯，应当按照自己客厅的装饰风格来选择。

书房

由于经常在书房长时间工作，所以选择照明设施的时候应该考虑光线集中度和光线强度，从而选择使眼睛疲劳最小化的灯具。

桌上的台灯如果选择白炽灯，灯泡总会变热，因此建议选择不太发热且寿命较长的 LED 灯。

很多台灯可以调节角度，把光线转向自己想要的方向，从而提高学习注意力。另外，我们也推荐具备蓝牙和音响功能的台灯。

第二部分

我的空间变大了：
套间与复式的装修

第一章

终于实现了梦想

　　只要是有找房子经验的人就知道，虽然一些单间看似相同，但实际上种类却不一样。一般来说，单间可分为开放型和分离型两大类。开放型顾名思义，是指没有空间分离的整个的房间，而分离型是指有独立房间的、厨房被分离出来的户型。分离型单间再加一个房间就叫套间。开放型的公寓待售的比较多，所以很容易租到。开放型单间没有墙挡住视野，因此比同面积的分离式看起来更宽敞。但是开放型单间也有缺点，比如做饭的时候味道会散满屋子，还有打开大门就能看到床等。分离型单间的优缺点与开放型单间正好相反。

厨房和卧室终于分开了
约 33 平方米的分离式单间

以前我工作和生活都在地方后来换了工作就来到了首尔，之前一直住在全装修的房子里，搬出来以后想着自己装修一次房子试试，所以就租了个只有基本装修的分离型单间。每当在家里做饭的时候，心里总是很担心被子和衣服染上味道。所以现在一想到分离空间，真的非常高兴。这房子的确是大啊——我只把床搬了进来，所以客厅显得很宽敞。"怎么把这里填满呢？"我找了这么大一套房子，好像是自讨苦吃啊。

这位住户喜欢在家里做饭，此次以工作跳槽为契机，住进了梦寐以求的分离型单间。原来在这个单间里占地面积最大的就是床，把床放进卧室以后，客厅里一时不知道放什么好。分离型单间就是比普通单间增加了一个房间，自然就显得空荡荡的。但是完全没有必要慌张，因为房子越宽敞，室内装饰的丰富度就越强！并且令人欣慰的是，可选择物品的范围也将随着空间的扩大而增加。现在就要好好考虑一下在这扩大的空间里填满什么东西了，这就是幸福的苦恼。

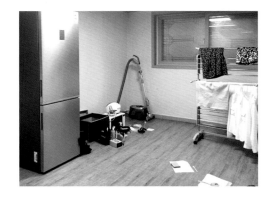

把床挪到寝室以后，客厅显得又空又大。

确定空间的性质和颜色

  本书的第一部分介绍了一些单间公寓，其中在"开放型单间"的章节里，我们为了将空间分离，利用了一些家具和地毯；但分离型单间则没有这种必要。既然我们不用考虑空间分离的问题，就可以直接进入颜色填充、采购家具的阶段。

  首先，我们把整个房子分成客厅、厨房、卧室三个空间。我们将每个空间的装饰颜色都设定在2～3种，这样接下来选购家具也会变得容易。客厅是整个房子的中心，也就是从玄关一眼能看到的空间；考虑到住户喜欢简约又现代的风格，我们把客厅的颜色定为灰色、黑色和原木色这三种。厨房是制作食物的地方，因此主要使用了显干净的白色，另外点缀上一些原木系列的棕色，试图让食物看起来更加美味。卧室比客厅更给人一种温馨的感觉，所以我们就用白色和原木色增加了舒适的感觉。

预想配置图

有人觉得，各个房间被墙壁隔开，家具的限制和摆放的
苦恼瞬间加倍了，而且选择的余地也减少了。但其实，
完全没有必要担心。以往的大空间可以细细划分，如今
的小空间也可以从最大的家具开始分配。

plan

首先把整个房子分为客厅、厨房、卧室，再给
每个空间确定主色调。这样选择家具和饰品就
容易多了。

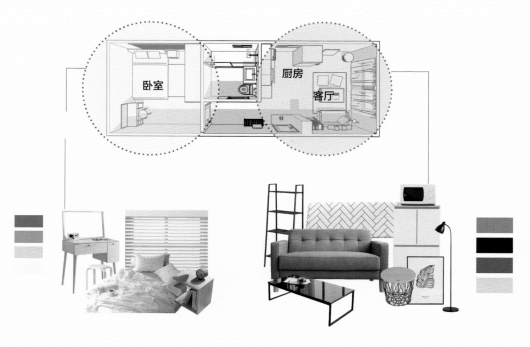

激活空间特性 1：我家的现代风客厅

一打开玄关处的房门，就可以看到右边的客厅。客厅是人们在家里停留最久的地方，所以我们努力将其打造成可以舒服地休息的空间。我们集中使用了黑色和灰色，整体色调看起来稍微有点暗，所以我们用间接照明和雪纺窗帘做了点缀，营造出了时尚的气息。人们通常认为"室内装饰就是一白遮百丑"，但其实黑色的装饰丝毫不比白色差，反而是家装现代风的精髓。

我们选择了灰色的布艺沙发。布艺沙发在价格上比较实惠，因此在独居家庭或年轻人中很受欢迎。布艺沙发的重量也很轻，一人之力就可以挪动，方便做出各种各样的布置。

我们在沙发旁边摆了一个落地灯，又将灯罩的角度朝向墙，起到了间接照明的效果。打造现代风家装，照明的作用就显得尤为重要。在没有灯光辅助的情况下，过度的黑色装饰会给人一种僵硬的感觉；只要配上灯光照明，整个空间就会变得柔和，气氛也会更加温馨。

沙发右侧放置了一个梯形置物架，可以用来收纳书和各种小物品。在得到房东的允许之后，我们安装了一个壁橱。由于壁橱的安装必须要钉钉子，所以事前必须征得房东的同意。我们在黑色的梯形置物架上摆放了黑色的道具饰品，还在墙上贴上黑色的贴纸，把墙面装饰成城市的夜空。

窗边的雪纺窗帘与灯光一起减少了黑色的萧肃感。如果去掉地毯、窗帘和灯光，这个房子将变得非常冷清。但反过

客厅里所有的物品都是新购入的。沙发和投影仪拯救了空荡荡的客厅，灯光和黑色的饰品则打造了现代感十足的气氛。

来想，如果把这些因素好好利用，气氛就会大不一样。

沙发的对面，为了承接投影仪的光影，就原封不动地保留了白墙。在不使用投影仪时，如果想填补空白墙面的空虚感，可以把折叠相框桌轻轻地挂在墙上。在最里面的角落里，我们在铁丝收纳篮里放了几个球状小灯，照亮了这片空间。这个篮子也可以当作沙发旁的小柜子用，也可以收纳不同的物品，进行多样化展示。

激活空间特性 2：轻松完成厨房施工

厨房的大问题是沾满油污的瓷砖，这位住户也表示：其他地方都没关系，但一定要换掉这片瓷砖。厨房瓷砖的施工比想象的要困难一些。虽然也可以在不拆除现有瓷砖的情况下，把新的瓷砖加盖上去，但是这种技术含量高的工人收费很高。

为了缩减支出，我们决定自己动手，用瓷砖贴纸来覆盖旧瓷砖。

只要有刀、尺子和剪刀，人人都可以轻松贴好瓷砖贴纸。这种贴纸就像手机贴膜一样，把一面保护用纸揭下来露出胶面，然后贴到墙上就可以了。接着再依次将厨房的这片瓷砖填满就可以了。为了打造出既现代又简洁的感觉，我们选择了大号

用瓷砖贴纸把墙面变成白色以后，我们把厨房的工具都
统一成了原木材质。在厨房，烹饪工具的颜色材质统一
也很重要。

砖形的白色贴纸。

这种瓷砖贴纸本身带有光泽，仅看照片会觉得和瓷砖一模一样。厨房里白色背景加上黄色的灯光，这与客厅里的黑色形成明显的反差对比。所以我们将厨房用具的一部分换成黑色的，这样就会与客厅的风格连接起来。瓷砖贴纸和墙纸贴膜是完全可以自己操作的，所以当您想要改变厨房的时候，一定要尝试一下。

激活空间特性 3：卧室里的间接照明 增加你的安全感

这个白色的床是原本房里就有的，于是我们在购买化妆台、衣柜和床头柜的时候，按照床的颜色统一购买了原木色和白色。

住单间的人因频繁地搬家或费用问题总是选择购买衣架，但为了衣物的长期管理，衣柜确实更好。所以这一次，为了防止灰尘堆积和阳光暴晒并且阻隔湿气等，我们选择了衣柜。

我们还沿着床垫的边缘，围上了电池型小灯串，即使在没有其他灯具的情况下，也可以充分起到间接照明的作用。

由于这位住户在睡觉前喜欢看书和写日记，我们特地在床边布置了一个床头柜。床头柜上摆放着一些装饰品和氛围灯。这个氛围灯的外观酷似一个大开关，所以就连开、关灯也变得趣味盎然。这个灯是充电款的，没有电源电线也可以使用，因此可以放在床上，当读书灯来使用。

tip
床头柜可以在睡前用来读书或者写东西。

tip
床边放上灯泡串，可以起到间接照明的作用。

让人内心放松的房间

家有很多作用，但归根结底最重要的用途就是"放松"。只要回到家，紧张感就会消失；只要坐在沙发上或躺在床上，在外面受到的压力就会自然而然地消失。另外，到目前为止，还有两个重要的东西无法用照片和文章表现出来，那就是香味和声音。我们拍摄的时候，听到了通过投影仪播放出的轻松音乐，而客厅里的香薰散发出隐隐的香气充满了整个房间。对于房子装修来说，肉眼看到的并不是所有，香味和声音所营造的气氛也属于室内装饰。如果目前预算不足，不能尽情展示肉眼可见的装饰，那么，填满香气也是一种装饰方法。只要身处充满香气的地方，人们就能充分感到幸福和满足。

书房和卧室分开了
约 33 平方米的套间

作为一名自由职业者，我最高兴也最心烦的一点就是没有上下班。我平时很忙，总是不分周末、夜以继日地工作。虽然我租了个套间，里面分离出了工作和睡觉的地方，但没有任何效果。因为在工作室里只有桌子、椅子和电脑而已。当然了，一开始的时候，我也计划把工作室好好分离出来，计划把工作效率提高很多。我想要那种工作的时候也能休息一会儿的房子。但由于总是忙于工作，所以计划一直没能实现。

就像一本书所言，"自由职业的时代即将来临"，如今越来越多的人选择自由职业。这个案例里的住户就是一名自由职业者，她比任何人都清楚：在家工作并不是一件容易的事。工作时，有一张软绵绵的床近在咫尺，拒绝这样的诱惑真的很难。因此，这位住户下定决心，要租一个书房与卧室分离的房子，而且这个愿望非常迫切。

与客厅和卧室不同，书房是反映一个人工作倾向的地方，因此是没有装修模板的。有人觉得坐着工作比较方便，也有人就喜欢站着工作。有的人如果周围环境很散漫、不整洁，就无法集中精力；有的人可能会对钟表滴答滴答的声音非常敏感；而有的人却喜欢电视、广播等杂音做背景，只有这样才能集中精力。所以书房的装修没有标准答案，只要适合住户就行了。但总体来说，房间的用途才是根本：卧室就要提高睡眠质量，书房就应该提高工作效率。

空间用途与规划

这是一套约33平方米的套间，整体以厨房和客厅为基点，共有2个卧室。由于住户在家工作时间长，其中一间卧室被用作书房，另外一间用作卧室。因为这个房子里只有基本物品，所以床、沙发、床上用品、灯具等大部分都是新买的。

从整体的房屋结构来看，大卧室里有大窗户，采光很好，并且离卫生间很近，所以我们决定将大卧室作为书房使用。这个书房是正方形的，相当宽敞。我们在窗边为住户规划了一片休息空间，还把书桌靠在门边的墙壁上，打造出能够集中精力工作的环境。因为住户需要对着电脑工作，所以我们必须让她工作时背对着窗户。卧室方面，为了让住户提高睡眠质量，我们把卧室设计得比较简约，尽量减少床以外的东西。

预想配置图

套间不是单间，需要考虑和安排能代表各个房间的家具。也就是说，要确定什么东西能够成为房间的灵魂，并给予其优先分配权。然后就轮到装饰品了。对于装饰品，我们不建议从一开始就一次性购买一大堆，而是应该等到大家具都安置好了之后，再按照家具摆放的情况进行购买。

plan

原本住户是住在大卧室的，但是考虑到大卧室里有大窗户，光线比较充足，而且离洗手间很近，我们就决定将这个大卧室用作书房。原本用作书房的小卧室也被改成了舒适的卧室。

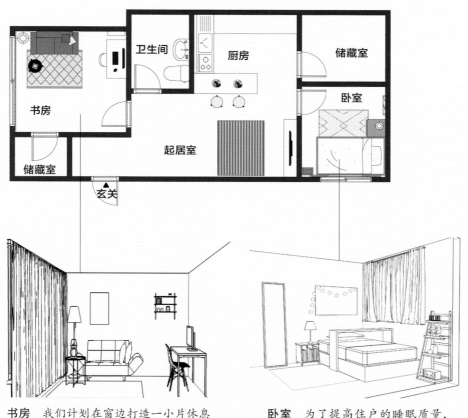

书房　我们计划在窗边打造一小片休息空间，书桌则靠在门边的墙壁上，这样更容易集中精力工作。

卧室　为了提高住户的睡眠质量，整个卧室除了床以外没有安排过多的东西。

打造书房：工作效率超高的地方

书房里原本只有桌子和椅子，显得很空旷，如今却变得温馨多了。我们把住户原有的桌椅都换掉了，还重新购置了沙发。新买的书桌比旧书桌更宽、更大，提高了工作的便利性。为了让住户能集中精力工作，我们把桌子上的其他装饰品都去掉了，墙面也保持了空白干净的状态。书房的颜色总体使用了白色和灰色，虽然有点单调，但这种简单装饰对提高工作效率很有帮助。

沙发一侧的墙上有一个壁挂式置物架，上面用小灯和小饰品进行了点缀。这些小灯给书桌周围的空间提亮了光线，营造出温暖又舒适的气氛。为了让住户在工作间隙更舒服地休息，我们使用了黄色的灯光。窗边的沙发打造出了休息的小空间。这个沙发两边的扶手和靠背是可以折叠的，折叠后可以当作床来使用。虽然没有真正的床那么舒服，但能让住户在工作间隙稍微眯一会还是挺好的。

事实上，这个书房最大的工程是更换灯具。可能是旧的玻璃罩太旧了，导致换了新的灯泡还是很暗。因此必须将整个房间的灯都换成 LED 产品，这样才能确保住户在工作时的协调感。虽然这个工程很累人，但在明亮的灯光下，房间变得更加敞亮和鲜明了。

tip
可爱的小饰品点缀的
置物架，成为了整个
房间的装饰亮点。

tip
购入了宽书桌，使工
作效率大大提高。

tip
办公椅应当
兼具美观性
和便利性。

tip
地毯可以用来遮盖
古铜色的地板。

装饰卧室：宅女的梦想卧室

卧室里以前只有被子和衣架，我们买了新的家具以后，这里才有了卧室的样子。现在，卧室成了这位住户最爱的空间。如果说书房的使命是让主人集中精力工作，那么卧室的任务就应当是睡眠。因此，遮光窗帘是助力睡眠必不可少的单品。

另外，对于可以在床上过一整天的宅女来说，跨床桌是必备的。可以拉动轮子，让桌子贴近身体使用；也可以把它放在床的边缘，把一些小的东西放上去。

我们在空荡荡的墙壁上贴了海报和小灯串，营造出温暖的气氛。小灯串的重量很轻，用两个无痕钉就可以轻松地支撑。只要根据季节更换不同的海报，就能很容易地改变室内的气氛。

床边布置了一个床头柜，床头柜的内部有竖隔板，可以分类存放书籍。这个床头柜的高度较高，就连较高的杂志都能放得下。床头柜上摆放了装饰用的相框和台灯。在小相框上凸出来的是天然苔藓，如果轻轻喷上香氛精油，还能起到香薰的作用。

床尾放了一个梯形置物架，上面摆放着电子钟表和玩偶，最下面摆放了一个较重的音响，这样就能把架子稳定地靠在墙上，不会轻易移动。

tip
如果睡觉时间不
固定，一定要使
用遮光窗帘。

tip
棉球灯与棉质海报相
互呼应、相映成趣。

tip
带滑轮的跨床
桌使床上活动
更加方便。

补充装修：目前仍在进行中

这位住户希望在家里能把工作和休息完全分离开。她说，由于家里的家具、饰品的风格各不相同，因此正适合用来区分空间。她希望自己的自由职业生活在不同的空间里能够得到一点治愈。

实际上，除了卧室和厨房外，这个房子只装修了书房和卧室。剩下的装修计划就由这位住户直接用投影仪和家庭影院来填充了。书房完成了装饰，住户已经能在家里好好工作了；而她下一个目标，就是打造一个和朋友一起在家娱乐的派对室。果然，她的梦想就是能在家里过一切生活啊——真是宅女啊。

棉球灯是安装电池使用的，可以在各个地方随意使用。

如画的景观更生动了
约 33 平方米的套间

　　我一直在半地下室独自生活,7年来从未住过1层以上的房子。我下定决心,一定要搬到阳光充足、风景优美的房子里去。当我第一眼看到这套房子,我就喜欢上了这里。这次终于从半地下室垂直上升到了4层,实现了我一直以来的憧憬。在客厅就可以将整个首尔一览无遗,这样的美景真让人着迷。现在只要装饰一下这个欣赏风景的客厅就行了。我在客厅放了四人用的桌椅,既可以当餐桌,又可以在这里做些简单的工作。可是,不知为什么,总觉得这儿不像个家,反而有种办公室的感觉呢!

　　在电视剧和电影中,我们经常能看到在房内将城市全景尽收眼底的画面。甚至有的高层公寓广告,室内情况一点都不介绍,只强调窗外能看到的风景。这充分说明消费者对景观的向往。还有去景点观光的时候,为了寻找景观好的地方,不惜支付入场费也要登上高层的瞭望台。旅游的时候坐在瞭望台上,看着鳞次栉比的高楼和住宅,就会感到非常有趣。旅游的时候尚且如此,如果每天在家足不出户,就可以免费欣赏这样的景致,试问有谁会讨厌呢?

这个房子就特别好，在客厅就可以欣赏到美丽的风景。这个小区的整体地势就比较高，再加上这套房子坐落在小区里最高的地方，所以这套房子的地理优势就如实地反映在了视野景观中。但是房内连续的两面墙都有窗户，所以布置家具的难度相当高。为了不辜负这样的美景，我们开始着手这不亚于酒店顶层景观房的空间设计。

打造 200% 的景观房 客厅视图大计划

第一次来到这套房子时，感觉整个首尔都在脚下。这里白天阳光明媚，晚上灯火通明，让人自然而然地想到：白天和黑夜都有美景，自然要打造出 200% 的景观房。这套房子里大件家具基本齐全，小件家具也应有尽有。住户不想扔掉自己现有的家具和物品，希望最大限度地加以利用。这套房子的亮点是客厅，我们将客厅的家具挪到其他房间，在空出的地方放上舒适的沙发和圆形的桌子，把客厅打造得像咖啡厅或酒店酒吧一样。

整个房子的装修框架都是深棕色的，住户想将其换成白色，但是边框并不平整，没法进行贴纸换色，所以换色可能比较困难。由于担心超过预算，我们计划保留房子原本的边框，遵循框架的整体色调，在深褐色的基础上用柔和的色调作点缀调和。在无法更换房子各类边框、窗户框和内置家具的颜色时，可以用布艺品将其遮住，或搭配其他家具来调和颜色。

预想配置图

布局的时候要考虑的一个重点就是窗户的位置。布置家具的时候尽量不要遮住窗户，如果窗外风景很好，也可以打造一片欣赏风景的休息空间。

plan

我们计划以客厅为装饰中心，让人一进房门就能直接看到窗外风景，让客厅展现的如画景观维持 200% 的魅力。我们以窗户为中心，环形布置了圆形桌子、沙发和椅子，以便在任何地方都能看到风景。

白天，像在咖啡厅一样喝喝茶、眺望美景。

夜晚，酌一杯酒、欣赏城市万家灯火。

tip
落地灯让房间
更优雅。

tip
圆形的桌子可以让人坐
在任意角度欣赏美景。

tip
舒适的单人沙发椅，最
适合坐着欣赏美景了。

点亮客厅美景：像酒店顶楼景观房一样的客厅

进入房门，一眼就能看到客厅和窗外的风景。客厅原有的桌子和椅子被挪到了更衣室和卧室，我们把新购买的圆形桌子和沙发、椅子放到了客厅，围着窗户依次摆放。

以前的长方形桌子有些不方便，因为背对着窗户坐就无法欣赏到风景了。为了能从多个方向观赏风景，我们推荐住户购置了圆桌。新买的圆桌可以多人围坐，比起长方形的桌子，人们可以选择不同的角度来欣赏风景，这样的感觉就像咖啡厅一样。

我们将圆形桌子和不同设计的沙发椅子混搭在了一起。单人沙发可以让人舒服地坐着尽情欣赏美景，而椅子的颜色比较亮眼；虽然这两者外形不同，但搭配在一起却非常协调。如果用完全一样的沙发和椅子，就会给人一种很单调、空间很窄的感觉。另外，大大的沙发和小小的椅子、凳子也很节省占地面积。

平坦的地板上铺了一个民族风的地毯。窗户上挂着丝质窗帘，营造出一种酒店行政酒廊的氛围。用色彩温和的窗帘遮住深色的框架和地板，再加上整体统一的家具，就会削弱框架的存在感。如果仔细看，沙发腿和桌子中间的托盘还是深色的，只是视野中的物品都混有较浅的颜色，因此感觉自然得多。

太阳下山后，客厅呈现出与白天完全不同的氛围。悸动的夜景和明亮的落地灯使房内的气氛变得更有风韵。白天，这里像咖啡厅一样，适合喝杯茶；到了晚上，就可以一边喝酒一边欣赏风景了。

住户说以后想买个激光投影仪，这样就可以在客厅里看电影了。如果以后买了投影仪，把单人沙发移到一边，就能看到挂着相框的墙壁了。单人沙发与大沙发相比，移动性更好，可以来回移动，尝试多样的布置。由于独居的人搬家比较频繁，因此最好购买搬家时容易搬的家具，最好是在任何房子都可以灵活利用的家具。

点亮剩余的空间：巧妙利用独特的户型结构

客厅窗户的另一边有一个更衣室，而这个更衣室对着客厅的墙上有一个窗框。另外，这个窗框的右上方还安装了一台空调，电线也一条条悬挂着，看上去非常凌乱。尽管如此，这个窗框还是将更衣室和客厅连接起来了，原本空旷的墙壁也有了花样，因此这个窗框也算是发挥了装饰的作用。

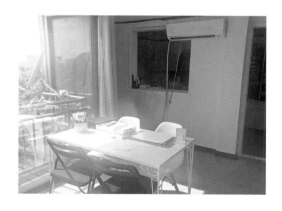

before 客厅里一直放着长方形的桌子。

我们先在窗框上挂了一幅短条形的小窗帘，挡住了电线和空调凸出来的部分，这样看起来就整洁得多了。这位住户喜欢看书，所以家里有很多书，但更衣室里的书架已

经装满了，所以我们在床框下方放置了一个矮书架，把书和各种装饰品摆在上面。书架的颜色是与房子框架相配的深褐色，我们购买了台灯和新的装饰品，与原有的饰品一样都是金色。在挑选装饰品时，如果选择相同材质的产品，可以降低失败的概率。

拯救卧室景观：睡在南山塔下

卧室里没有新买任何家具或用具，只是改变了一下结构，把其他房间的家具挪到卧室，大大提高了家具的利用率。喜欢读书的住户在睡觉前一定要看书，但是之前书柜一直在更衣室，每次来回拿书都不方便。因此，我们将客厅里的桌子和更衣室里的书架搬到卧室里。

我们还调换了床的方向，把其他房间不再需要的家具搬到了卧室里。如果不知道怎么安排家具，就把大的家具靠墙摆放就可以了。以房间中央为圆心，围绕圆形依次摆放，就能找到最佳的家具布置方法。

从卧室的窗户可以看到南山塔，所以只在卧室睡觉实在太可惜了。幸亏我们重新安排了床的方向，以后就可以坐在床上观赏南山塔了。卧室原有的木色窗帘给人一种沉闷而昏暗的感觉，所以我们把原本挂在客厅的窗帘移到了卧室。这个窗帘的长度在客厅不太合适，反而正好与卧室的窗户吻合，颜色也跟卧室更搭。到了晚上，通过卧室的窗户就可以欣赏到美丽的夜景。

拯救闲置空间：点亮平凡的衣帽间

房间中的衣架已经拼接固定，没必要进行调整。除了衣物收纳部分保持不变外，将倾斜墙面处的空间进行了调整。将原来作为梳妆台的收纳柜放到了收纳空间不足的厨房使用，原来放在卧室的小桌子作为新的梳妆台。原本放在房门口的全身镜也根据调整移动到了梳妆台右边。

成套的衣架提供了不少收纳空间。独特的圆形镜子看起来好像一幅艺术作品。

床靠窗摆放，书柜和书桌则摆放在对面的墙边。这是眺望南山塔的
最佳安排。

因为房间里的家具都是浅色系，所以想利用梳妆台的空间进行点缀。最终购买了这款设计独特的圆形镜子，挂在梳妆台上方，让空间的氛围产生了变化。

当平凡的日常生活都变得特别

坐在沙发上，望着从客厅窗口照进来的阳光，在落地灯的照射下，拿着一罐啤酒看着电视——这就是这位住户的近况。一直以来都住在半地下室，现在他梦想的如画般的生活终于实现了。据他说，不仅是客厅，卧室和更衣室的使用率也有所提高。卧室更换了布局以后，他的睡眠质量也提高了；更衣室里的化妆台让他每次照镜子心情就会变好。

平凡的房子，平凡的日常生活，但不同的是：房子变成了我喜欢的房子。自己家现在变得比咖啡厅还好，以后就光待在家里了！用我喜欢的东西、喜欢的颜色填满整个家，这里才真正变成了我的家。好的房子会产生好的气运，希望有了这种好气运，能把幸福的日子延续下去。

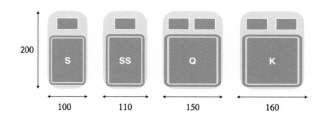

选择适合自己的床垫

让我们了解一下高质量睡觉必需的家具——床垫吧。睡眠占据着一天的结尾和开始，所以一定要提高睡眠质量，要挑选适合自己的床垫。让我们分三个步骤来挑选床垫吧。

01 选择适合自己的尺寸和厚度

先用皮尺测量自己的体型和房间的大小，然后再挑选适合房间和睡眠的床垫尺寸和厚度。

人在睡眠的时候会稍微翻身或移动，所以躺着的时候要两边都有充分的空间才好。床垫的宽度应为肩宽的3倍左右，床垫长度比身高长20厘米比较合适。

床垫的尺寸

S单人床垫（100厘米×200厘米）

适合儿童或身材矮小的成年人。但这样的床垫会让成人的胳膊无法伸张开，因此睡眠时很不舒服。

SS加宽版单人床垫（110厘米×200厘米）

比S型单人床垫稍微宽松的单人垫。仰卧躺着的时候，左右两边都有空间，因此很适合单间、休息室等场合，在独居的人群中最受欢迎。

Q双人床垫（150厘米×200厘米）

一般夫妻和情侣都会选择双人床，但如果自己想睡得宽敞自由，也可以考虑双人床。

K加宽版双人床垫（160厘米×200厘米）

夫妇可以和孩子一起睡的床垫，也适合与宠物一起睡的情侣。但这个尺寸确实比较大，所以要考虑家具的配置和房间的面积来购买。

床垫厚度

一般来说，床垫的厚度为5～40厘米，要选择适合自己的喜好和房子的环境。

不足15厘米

褥垫的厚度一般为5厘米，如果是孕妇或者与幼儿一起在地板上应该选7.5厘米。8～12厘米的床垫很适合单独在地板上使用，

200

| S | SS | Q | K |
| 100 | 110 | 150 | 160 |

厚度合适又不重，容易打扫和移动；但如果体重在 80 千克以上，就能够感受到地面，所以不太合适。

15 ～ 20 厘米

放在床框上的床垫要选择 15 厘米以上的，这样才能感受到坐着或躺着时的安全感。另外，在地板上单独使用时，这个厚度的床垫，即使体重超过 80 公斤的人躺上去也不会觉得硌肚子。

20 厘米以上

床垫的厚度越厚，越不会硌得慌；即使体重超重，或 2 人以上使用，也能感受到柔软。只是厚度不同的床垫，价格也会有差异。

02　了解身体喜欢的缓冲感

为保持睡觉时的平稳感，应仔细挑选床垫的种类。贵的不一定好，如果身体睡着不舒服，再贵的床垫也不能说是好的床垫。所以最好是比较各种床垫的特点和功能，然后再挑选。

弹簧床垫

只要家里有床，任何人都至少躺过一次弹簧床垫，因为这是最大众化的床垫。

与乳胶床垫和记忆棉床垫相比，弹簧床垫确实是比较硬的类型，因此躺在床上时有较强的稳定感。但弹簧床垫的价格取决于弹簧的状态，所以购买前应该好好检查一下。弹簧越小，绕的周转率就越高；弹簧的数量越多，对身体动作和重量的反应就越精确。

乳胶床垫

属于高弹性材质，其特点是紧致有弹性。由于是天然材质制作而成，所以具有抗菌性和通气性，易于营造舒适的睡眠环境，所以四季都很受欢迎。但不同床垫的乳胶含量不同，应根据本人的体型和情况选择。乳胶含量越多，密度就越高，就越适合体重较重的人。

如果觉得乳胶含量 90% 以上的产品太贵了，那就可以选择乳胶与其他优质原料混合制成的乳胶床垫。

记忆棉床垫

在高密度、低弹性的三种材质中，记忆棉是最新研发出来的。由于缓解冲击和吸收力很好，所以即使辗转反侧也几乎没有晃动。躺下时，记忆棉的压力点会被最小化，让人感到全身温暖，好像被包围起来。由于长时

间保持体温，夏天可能会有些热。但如果与乳胶凉席或褥垫一起使用，夏天也可以选择记忆棉床垫。

03　极致见细节 检查大清单

以下是购买床垫前要先核对好的重要事项。

☑ **确认检测氡含量**

产品的安全性是再怎么强调也不为过的。而购买床垫时最应先确认的就是看该床垫是否检测出氡（一级致癌物质），如果有检出，要看其含量是否在安全指数范围内。

☑ **确认床垫的透气性**

床垫的透气性越好，就越能抑制其中的微生物生长繁殖。并且，透气性好的床垫可以帮助排出湿气和汗液，即使同一个姿势睡很久也不会感觉热。

☑ **确认床垫的使用寿命**

一般来说，弹簧床的寿命是 5 ～ 6 年，乳胶床垫可以使用 7 年，而记忆棉的使用寿命大概在 6 ～ 7 年。床垫的使用寿命会受到内置材料和环境的影响。如果想延长床垫的使用寿命，可以周期性地调换床垫位置和方向。

☑ **确认床垫套是否能拆洗**

有的人睡觉时会流很多汗，所以需要购买带有防水床垫套的款式。如果流汗特别多，甚至需要另外购买加强版的防水床垫套，这时就要确认一下床垫套能否拆洗和换洗。

☑ **是否适合加热保暖**

很多怕冷的人喜欢睡觉时使用电热毯等加热产品，这样在买床垫的时候就要确认一下床垫是否能铺电热毯。如果没有能配合电热毯的床垫，那么密度较高的记忆棉床垫也是可以起到保暖作用的。

第二章

让沉寂的空间复活

　　前文说过单间大体可以分为开放型和分离型两种，但分离型又可以分为单层分离和复式分离。单层分离就是在同一层分离的户型，而复式分离——顾名思义，就是分为两层的结构。生活在单层的人通常会对复式房有憧憬，但如果真正生活在复式房里，就会觉得比单层更不方便。这是因为，人们通常只在二楼放个床垫子，或者用来堆放杂物行李。从理想的浪漫到沉寂的空间，让我们一起来看看如何装修复式房吧！

断舍离，让空间效益最大化
约 16 平方米的复式

我总是时不时很想装修房子。尤其独居以后，每到搬家的时候，就特别想把新家装修一番。这次搬到了复式房，空间大了，装饰房子的欲望也变得强烈。于是趁搬家的机会，换了窗帘，还买了沙发和相框等装饰品，可定睛一看，竟然没有地方放了。明明新家比以前的房子大，可东西又没地方放了！大大小小的东西已经装得满满当当的，新买的东西根本放不进家里去。没想到因为空间问题，我装修房子的愿望快要破灭了。

对于不会扔东西的人来说，整理收拾简直就是苦差事。或许他们会以搬家为契机，将闲置的东西翻一翻，挑一挑，可到最后哪个也没舍得扔。总是抱着"或许有用"的想法，把东西留了下来，可搬到新家以后，那些东西还是免不了被箱子雪藏的命运。

照我们的经验，仅整理行李就能提高空间的利用程度。而整理行

李时，我们需要一个简单而明确的标准。首先判断物品在过去的 1 年内是否使用过，就可以将其进行第 1 次分类，过去 1 年内没使用的东西都可以断舍离。然后，在 1 年内使用过的物品中，挑出使用次数不到 10 次的物品。这些物品设为"待定物品"，将被保留 3 个月，如果 3 个月以后还不使用，就应该毫不留情地扔掉。

整理的结束 = 装修的开始

在整理完行李后，我们决定把仍然舍不得扔的物品交付到托管店。与物品产生距离以后，你会更客观地判断是不是真的需要它们。这些行李即使托管了，也是可以去取出来的，因此对于下不定决心的物品，可以用这个方法测试一下物品的需要程度。这个房子的住户有很多行李，因此不用再购置或更换了。把物品断舍离以后，我们将剩下的家具物品原封不动地保留了下来，还购买了一些布艺品和灯具，用来打造整体的统一感。另外，为了能最大限度地利用这 16 平方米的狭窄空间，我们调整了家具的布局。

预想配置图

一般来说，如果家具很多，只要变更其中的部分布置，就可以提高空间的利用效率。可以仔细观察现有的家具在使用时是否不便，然后逐一地更换位置。

plan

整理完行李后，我们保留了一些家具和物品，购置了布艺品和灯具，计划把整体打造得协调统一。为了能最大限度地利用这狭窄的空间，我们计划改变家具布局。

一楼

除了灯具、梳妆台、地毯外，一楼的所有家具都是原有的。我们只是调节了颜色，并调整了空间布局，以提高空间利用效率。

二楼

我们计划在卧室添加白色的床单被单和地毯，这样卧室就显得明亮了；另外要增强卧室的收纳功能。

点亮空间 1：最大限度地挖掘房间的可能性

我们把房子里的东西断舍离了以后，终于找到了空白的空间。在一楼，除了灯具、地毯、化妆台以外，其他家具都是住户以前就有的。靠窗的沙发是可以作床的多功能折叠式沙发，展开时长度比一般女性的体形要大，因此躺在上面很有安全感。并且这个沙发采用的是防水布料，所以很适合爱喝葡萄酒的这位住户。

沙发前面有个折叠式餐桌，我们用大理石贴纸进行了遮盖。它的桌板原来是白橡色，但住户不喜欢，她早就买好了大理石贴纸，只是和其他行李一起堆在角落里。所有的物品都备齐了，我们只简单地把贴纸贴上就好了。如果一个家具与家里整体装修的色调不一致，我们建议使用自助式装修品。

点亮空间 2：让物品各司其职

锅炉房旁边的红酒柜是住户最珍视的家电产品。她说，她很喜欢葡萄酒，这个酒柜虽然贵，但是想着等以后结婚了可以带去新家，所以她就果断买了。红酒柜原本放在壁橱前面，但每次打开壁橱都不方便，因此我们将它挪到了柱子旁边。柱子和红酒柜的宽度刚好差不多，所以现在这个红酒柜才算是找到了归属。红酒柜挪位以后，也避开了原本的直射光线。我们在红酒柜上摆上了装饰品和煤油灯。我们还在锅炉门上用冰箱贴贴了几张明信片。另外还可以用胶布来替代冰箱贴使用。

新买的化妆台占地面积较小，但收纳空间充足，另外，镜子不用的时候是可以关上的，空出的地方可以进行简单的收纳。虽然我们很想更换天花板上的吊灯，但复式房换吊灯比较困难，所以只能用落地灯代替。落地灯是圆圆的球状，一打开流光四射，在黑夜中如月亮般照亮房间的每个角落。

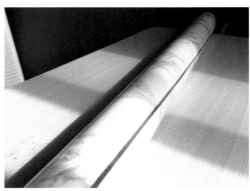

贴纸是自助式装修的好助手，只要在想遮盖的
部分贴上即可。对于棱角或弯曲的部分，只要
用吹风机加热拉长，就轻松地贴上了，而且贴
纸的末端也会变得干净整洁。

点亮空间 3：干净整洁的二楼卧室

我们试着用白色的床上用品和地毯把二楼装点得明亮光鲜，并且配上了黄色系的照明，为卧室增添了温馨感。我们在床头摆了个置物架，在上面放上台灯，方便睡前照明。台灯旁的柱子上挂着一个相框，这是住户的收藏品，之前一直闲置着。这个相框印花和颜色比较独特，非常适合复式空间的装饰。我们减少了木搁板上的一些小物件，看起来比较整洁。床尾一侧放了两个收纳箱，用来收纳衣服。这位住户以前就用五六个收纳袋来收纳衣服，一排排地放着，让整个卧室看起来很拥挤。收纳袋有些部分比较透明，看起来过于零乱，所以我们重新购买了不透明的塑料收纳箱，这样收纳起来看不到里面的物品。

在二楼的栏杆侧，摆放着住户一直舍不得扔掉的葡萄酒瓶子，我们就把这些瓶子用作室内装饰品。只要在红酒瓶上挂上小灯串，就能化腐朽为神奇，让瓶子变成装饰。虽然这只是很琐碎的部分，但如实反映了住户的爱好，还给房间带来了亮点。

在喝完的葡萄酒瓶里插入干花，将其活用为花瓶。小灯串上的樱桃灯泡散发出玲珑可爱的光，让卧室的气氛更有风韵了。另外，这些红酒瓶子外形各异、商标不同，也很有观看的乐趣。

久被忽视的空间潜力

装修完成后，住户惊讶地说，这个崭新的家大变样了，甚至让人不敢相信是同一间房子了。她说，她以前一到休息日，就约朋友们出门，回家就只是睡觉；但现在，就算周五的晚上她也很想回家。这个变化是装修前完全想象不到的。

事实上，此次装修并没有做什么特别的工作。我们的整理工作几乎占到了整个装修工作的 90% 以上。彻底的整理取得了很好的装饰效果。这并不是说装修就要把所有的东西都扔掉。而是把长时间不用的物品送走后，剩下的有用物品开始各司其职。仅凭这个，房子就会发生大变化。没准你房子的某些地方，或许也隐藏着未被发现的空间潜力哦。

以最少的家具最大限度地利用空间
约 33 平方米的复式

我想，30 岁正是独居的最好年龄。活了 30 年，如今终于开始了完美的独立生活。我在常逛常玩的小区租了个房子，每到周末就像过节一样出门。因为一直向往高高的天花板，所以坚定地选择了复式房。这个房子的客厅有一整面墙是落地窗，让我更加坚定地租了这里。虽然找到了合心意的房子，但由于这是我平生第一次装修，所以完全找不到头绪。听说二楼总是会沦落为仓库，还听说落地窗只是看着浪漫，但其实阳光直射和冬日寒冷很折磨人的……如何才能把梦寐以求的房子装饰好呢？

复式房的优点是，与同面积的单间相比，复式房显得更加宽敞。因为顶棚较高，从二楼看到的一楼空间是非常宽敞的。但是，复式房实际摆放家具的面积其实和普通单间是一样的。由于一楼的顶棚比较低，因此可用的家具也非常有限。同时，昂贵的供暖费也不能忽视。但是我们可以充分发挥复式的优点，巧妙克服复式的缺点，从而心满意足地享受生活。

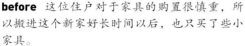

before 这位住户对于家具的购置很慎重，所以搬进这个新家好长时间以后，也只买了些小家具。

极简主义 + 现代风 = 空间利用最大化

这位住户崇尚极简主义的风格，希望用最少的家具来装饰房子。我们为了强调复式房的开放感和窗户的空间感，就没有在一楼中央摆放任何东西，只是单纯靠着两侧墙壁进行了简单的布置。我们在沙发、书柜和床上的投资占了总体预算的50%；其中书柜的价格尤其高，因为我们买的不是 MDF（中纤板）或胶合板，而是原木材质的，因此价格自然比较高。色彩上，我们为了展现出安静又摩登的气氛，选择了灰色为主色调。

买了双人床垫和褥垫以后，二楼剩余的空间就不多了。布置完了褥垫之后，我们又在空着的地方放上了地毯和台灯，所以内侧的空间就不能灵活利用了，我们就简单放了些布制收纳箱。

预想配置图

复式房的布局与平层套间不同，反而会受到户型的限制。除去楼梯所占据的面积，二楼可使用的空间不是很大。所以我们推荐可折叠式或者多功能的家具来提高空间利用率。

plan

根据住户的喜好与诉求，我们决定用最少的家具来装饰这间房子，主调颜色就定为灰色。我们计划只购买沙发、原木书柜、床上用品，为房子进行极简主义装饰。

二楼 由于这个户型的二楼楼高非常低，因此我们没有使用厚床垫，而是购入了较薄的褥垫；并计划将床上用品换成灰色和深灰色，从而打造出宁静又舒适的卧室。

一楼 摆上较高的书柜和沙发以后，我们在这片区域中间铺上灰色地毯，整体设计成一种现代风格。

让空间利用最大化 1：突出大窗和天花板的高度

我们在一楼摆放了一个颇高的书柜，还有一个沙发床；又在沙发床和书柜之间铺了一块灰色的地毯，整体上营造出一种摩登的氛围。由于天花板很高，所以高高的书架看起来一点都不逼仄，反而很好地保持了平衡。书柜的材质是云杉木。如果考虑性价比，大家可以选择 MDF（中纤板）或胶合板的书架，但此次由于住户很重视环保，所以就选择了坚固的原木材质。虽然木质看起来并不光滑，但保留了木材的纹路，很有原生态特色。原木家具的保养是很重要的，可以在表面涂上木材家具的专用保养油，起到保护效果，这样就可以长期使用了。如果是较小的家具，可以使用葡萄籽油等食用精油。

正所谓"一分钱一分货"，价格便宜的产品，搬几次或者没过几年就容易坏了。从这一点来看，原木家具用上十年也不会坏，这样看价格也就觉得容易接受了。

我们在书柜旁摆放了花盆、落地灯和艺术画框桌。另外，我们将全身镜挂在壁橱一侧，方便主人外出前的准备。

我们选择了中等大小的花叶万年青，这样就能与书柜的高度保持平衡。万年青怕冷，所以我们尽量把它安放在离落地窗较远的地方。书柜的原木材质增加了植物的自然感，简直再适合不过了。

如果单独购买一个沙发桌，就会挡住中间的空地，所以我们选择了折叠式桌子，需要的时候拿出来使用即可。

原木书柜的对面摆了一个双人沙发。只要简单摆弄一下，这个沙发就能变成一个双人床。这个沙发是皮革材质，比一

极简主义并不是盲目的断舍离，也不是凑合过着缺东少西的生活。极简主义的真正意义在于：保留十分必要的东西，并使其利用价值最大化。在这方面，原木书柜和皮沙发可谓体现了极简主义的真谛。

般的布艺沙发床的性价比更高。沙发床适合在狭窄的空间使用，因此在独居者当中非常受欢迎。有时候家里来客人，偶尔需要招待客人过夜，这时候沙发床就派上用场了。据这位住户说，客人来家里以后，对这沙发床的设计和功能都很满意，所以算是招待客人的有用神器了。

至于地毯的颜色，我们选择了比沙发稍亮一点的灰色，还选择了尺寸比较大的地毯，这样就能让好几个人一起坐在地上聊聊天了。沙发旁边的壁橱是原本就有的，我们在上面放了相框、小盆栽和一些装饰品进行点缀。

让空间利用最大化2：利用零碎小空间进行收纳

虽然住户家里是有壁橱的，但是和他的行李相比，收纳空间还很不足。因此，我们最大限度地利用了零碎的小空间，确保了额外的收纳空间。

首先，二楼的里侧有一小片角落的小空间，我们用布制收纳箱将过季的衣服整齐地收纳在这里。楼梯的下方也有一小片空间，我们在这里也放了个尺寸合适的收纳箱，收拾完以后立马显得干净利落了。如果想把小块的零碎空间最大限度地活用起来，就需要从这些收纳工具中获得助力。

卫生间的门上有一个挂门式收纳架，可以用来保管纸巾和毛巾等，算是为卫生间打造了一个独立的收纳空间。这种收纳架既不会占用任何空间，也没有复杂的安装过程，可以轻松地收纳各种零碎东西。

收纳空间多多益善。现在市面上有很多巧妙利用小块空间的神奇收纳工具。挂门式收纳架也是其中之一，只需轻轻挂在门上，就能开发出相当大的收纳空间。

让空间利用最大化 3：**将二楼打造成只属于自己的秘密据点**

这个户型的二楼高度算是特别低的。我们选购了较薄的褥垫，用来代替厚度过高的榻榻米床垫。虽然褥垫不如榻榻米床垫舒服，但总比直接睡被子好多了。

至于床上用品，我们将原来各色各样的床单被罩全部扔掉，换成了灰色和深灰色双面的被罩，这样就可以交替展示这两种颜色了。再加上地毯和照明，二楼的温馨气氛就更浓厚了。柔软的床上用品和温暖的照明光线，总是可以充分打造出温馨的卧室。切记不要选择花里胡哨的床单，只要选择了颜色沉稳的床上用品，卧室的装饰就变得很轻松很容易了。而且，根据季节的变换来更换床单，也会让卧室装饰变得趣味盎然。

在矮矮的二楼摆上了正方形的小台灯。

对复式房的憧憬，真的是异想天开吗？

如果对朋友说"好想住复式房啊"，你肯定听到"真住进去你就后悔了"这样的话。人们会说："一天上下楼几十次太麻烦了""住复式的人都在楼下把衣服扔上二楼""头总是会撞到二楼的天花板"，"夏天的空调电费简直能吓死人""冬天二楼超冷啊"……人们对于复式房的评论都太差了，简直像故意劝退一样。

但是，如果没有亲身经历过，就不会知道它究竟好不好。正所谓"得不到的永远在骚动"，人们对没体验过的东西好像总是在渴望。所以，我想对所有想住复式房的人说：不妨挑战一下吧。想体验一下独居生活，实现复式房的独居梦想，这何罪之有呢？亲身体验以后，一定有不好的一面，但也一定有好的一面。如果对好的一面能感到满足，那就是有意义的。

把复式的二楼变成更衣室
约 26 平方米的复式

房子变小了。准确地说，是新搬进的房子比以前住的地方小。我估摸着没法把以前的行李全部搬进来，所以搬家的时候扔了不少，除了特别需要的行李用品，其余的都扔掉了。另外，这个复式房的结构很特殊，所以很难利用收纳空间。我把"顶天立地"式衣架调到最高，再靠着窗户，勉强固定了一下。但是衣服太多，把阳光全部挡住了，导致房子变得很昏暗。由于这个衣架比较高，没法挪到别的地方，真是进退两难啊。

从单间搬到复式房，总会遇到意想不到的问题。单间和复式房最大的不同就是天花板的高度。这也意味着，在单间能用的那种顶着天花板的"顶天立地"式衣架在复式房就不能用了。以前一直用"顶天立地"来收纳衣服，现在突然不能用了，收纳的苦恼也就随之而来了。事实上，比起四四方方的衣柜，衣架可以有效地扩张空间，所以收纳力很强。让我们按照新房的特点来改善收纳方案吧。

　　这个房子的户型与一般的复式房不同。这个房子是顶层，天花板是倾斜的，所以二楼的空间是不规则的而且特别窄，还有很多封闭式的小空间。另外，这套房子的地板、门框、墙根线、窗户、楼梯的颜色都不一样，给人的感觉非常不协调。

房间的用途要适合房间特点

　　原来这里一楼是更衣室，二楼是卧室，我们决定把房间换一换。把衣架直接暴露在阳光下，这样的安排是最差的，而且它靠在窗边随时可能倒塌，很危险也很吓人。我们把原本遮挡光线的衣服全部都放在楼上，并在二楼安排了几个收纳矮柜和收纳型衣架，从而最大限度地活用空间。我们又在原本放衣服的一楼安排了床、梳妆台和书柜，并利用布艺品来遮盖这一片的底色。

　　由于需要重新购买大件家具，因此我们将预算定为约 5850 元人民币。最终的实际费用约为 6430 元人民币，其中 60% 左右用在了家具上，剩余的就用于购买收纳用品和布艺品。为了与既有家具——衣柜相搭配，我们新购买的家具全部选择了白色，柔和的色调最能展现出房子的温馨感。

预想配置图

虽然二楼很少会作为更衣室使用，但在这个房子反而可以进行完美的收纳。因为一层比较高，收纳衣服没有明显的优势。考虑到二楼的层高较低，只要选择合适的收纳品，就可以打造完美的更衣室。

plan

我们计划把一层的更衣室变成卧室，把二楼作为更衣室，以此发挥空间的优势，弥补户型的缺点。

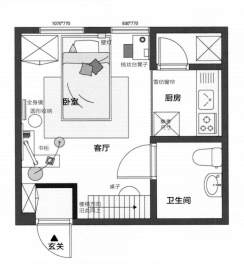

一楼 把衣服移走以后，我们计划在这里安放床、梳妆台和书柜，并利用很多布艺品来遮盖这片空间的底色。

二楼 我们计划在这里多放几个收纳矮柜和收纳型衣架，从而最大限度地活用空间。

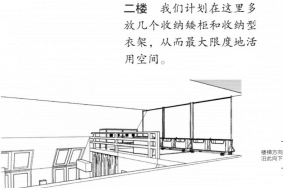

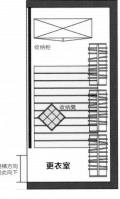

改变一楼的用途：以床为中心的居家生活

最占面积的衣服都挪走以后，一楼这里空出了一片空地。新购置的家具中，床是体积最大的。我们把床放在了一楼的中央，所以从房门一进来就能看到床；虽然有点尴尬，但实在也是迫不得已，我们就顺势打造了一片以床为中心的生活空间。

我们把床摆在中心位置，两侧分别安放了衣橱和梳妆台；在门廊边上，我们把两个矮书柜摆成了L形，稍微遮挡了一下床。

我们计划所有大件家具都买白色的。白色也分很多种，购买前要仔细查看。在众多的白色家具中，如果想与木地板或米色墙纸相搭配，我们推荐那种原木质感的白色。我们把地毯铺在了房间中央，与床的中后端重叠，帮助遮盖了地板的颜色。

在这里，我们用布艺品的独特色彩为房子做了点缀。卧室里的靠背垫、床尾巾、小凳子等都是用柔和的粉色和青灰色，给卧室增添了可爱的气氛。

由于空间狭窄，我们选择了小号的化妆台。梳妆台安排好以后，床边的空间就安排得满满当当了，甚至连放落地灯的地方都没有了。因此我们安装了不占地的壁灯。因为不占用任何空间，所以很适合在狭窄的房间使用，而且可以轻松地在短时间内安装完成。

由于墙壁是斜的，所以很难安装布艺窗帘，于是我们用折纸窗帘解决了这个问题。折纸窗帘安装简单，只要用胶带

折纸窗帘的重量很轻，即使安装在倾斜的墙上也不会下垂。除窗户外，还可以贴在开放式书架上，用来遮挡内容物。

纸质的百叶窗帘非常轻，容易固定，即使在倾斜面上也不会掉下来。除用作窗帘外，也可以用在开放式书柜上，成为柜帘。

就可以固定使用了。由于材质是纸，所以可以根据需要来裁剪使用。只要订购合适的尺码，再根据窗户的尺寸，用刀或剪刀裁开就可以了。拉一下中间的绳子，它还会变成扇形的形状，具有装饰美观的效果。

分离一楼的空间：巧用窗帘和书柜

床的右边是厨房。由于空间狭窄，床和厨房的距离非常近，因此躺在床上时视线很容易被厨房吸引。经常看的东西应该整洁一些，这样才能让人觉得房子很美观，所以我们安装了窗帘，用于分离厨房和卧室。由于遮光窗帘看起来很闷，所以我们选择了薄的丝绸材质。

一进门的玄关处摆放了 L 型的书柜，阻挡了看向床的视线。

　　还有一个地方需要分离空间。由于这个户型一进门就能看到整个一楼，所以刚进门的地方也需要间接地分离一下空间。电视的位置是有限制的，只能放在床尾和玄关附近，因此我们决定在玄关附近摆放矮书柜。这套矮书柜有两个，我们把书柜摆成 L 形，再把电视斜着摆在书柜上。如果想把空间分离得更清晰，可以把书柜摆成"一"字形，在玄关做成一小段走廊。只是我们觉得摆成"一"字会绕一个大圈，从玄关走到衣橱处不太方便，所以我们推荐摆成 L 形。

　　衣柜的颜色算是比较显眼的，所以我们把它放在里侧，用来收纳长款的衣服和多余的被子。我们一开始以为这个衣柜会是个累赘，可经过这一番整理后发现它还挺有用的。

改变二楼的用途：巧妙利用独特构造的更衣室

二楼之前就只有一条被子，住户把这里当作卧室。但这里的墙壁是斜着的，所以很多空间完全没法利用。我们在尽量保证墙壁无损的情况下，靠墙摆放了收纳型的衣架，并且在斜墙的一侧较深的位置摆放了一个低矮的收纳柜。

二楼的天花板高度大概为1200mm，我们就买了个高度正好的衣架。衣架的下方有收纳箱，可以整理T恤、裤子、帽子、包等物品。我们在最里面的斜墙边放置了一个收纳柜，用来保管牛仔裤。这位住户的牛仔裤特别多，柜子里放不下了，所以我们也把部分牛仔裤放在了收纳柜上面，整整齐齐的样子还是很美观的。由于二楼的天花板很低，选衣服或穿衣服的时候总得弯着腰，所以我们专门配置了一个小凳子。这个凳子的内部也可以收纳物品，算是额外获得了收纳空间吧。

收纳也是装饰的一部分。衣服只要换一种叠法，不仅可以省出收纳空间，还可以起到美观的展示效果。

人生就是不断地做选择

有人说，人生就是连续地选择。装修房子也是生活的一部分，也同样面临无数的选择。从找房子，到挑家具、买饰品，每一件事都要亲自选择。不过也没有必要伤脑筋，先从明确的选择开始，剩下的要选择的苦恼就会减少了。比如，搬家的时候通常不能把所有东西都搬走，那就首先确定一下：什么是可以扔的，什么是绝对不能扔的。

如果房子比较小，就要买相对较小的家具。可按先后顺序罗列出自己想要的东西，再依次去解决就可以了。不要怕扔东西或者舍不得扔东西。同一类物品，保留得多了，质量会相应地降低。反而丢掉一些以后，或者适当地更换个新的以后，这样的满足度更高。在你现在的家里，你最想换掉什么？一旦换了一个，剩下的其他选择就会迎刃而解了。就这样一件一件地换新，不知不觉间，一个让你满意的空间就打造出来了。

让家里生气盎然的绿植

如果想让房间里充满生气，最可靠最容易的方法就是种植盆栽。植物不仅具有净化空气、调节湿度、除臭等功能，还能稳定情绪、装点房间。这么好的植物，该怎么在家里摆放呢？

我们将为大家盘点最适合养在家里的植物，还有搭配植物使用的饰品。如果你想在家养些花花草草，却在犹豫怎么养，可以根据以下的指引，寻找适合自己房间的植物和饰品。

01 植物推荐列表 TOP 8

接下来将会介绍 8 种新手也能轻松上手的居家绿植。

在确认各类植物的外观和特性后，最好比较一下自家的环境是否符合植物生长的环境要求，最后再选择喜欢并且适合的。

1 龟背竹

宽宽的叶子，柔和的曲线，使龟背竹早已成为室内装饰的宠儿。只要保持通风良好，并根据气温变化及时调整土壤，龟背竹的新芽就会不断地往上

长，繁殖能力也会很好。如果把叶子连着根部切下来，插在水中，就可以作为水景植物来观赏。

2 无花果

对于想要体验种植乐趣的人来说，会结果的植物是最优选择。其中，无花果是个不错的选择——大而宽的绿色叶子中间，无花果的果实慢慢变圆、变甜。无花果的种植难度大约是中等，要注意土干时把水浇足，另外要注意，气温降至零下的时候，应特别注意保温。

3 合果芋

其特点是叶上有白色或银色花纹，具有独特的湿度维持功能，作为室内绿植非常受欢迎。适合放在半阴凉处，保持土壤湿润不干燥就可以了。偶尔用湿布擦拭叶子能很好地起到净化空气的作用。

4 龙神柱

这种仙人掌在侧边伸出胳膊一样的分支，姿态好像在向大家问好说"嗨！"一样。如果想养一种有存在感的植物，我们极力推荐这款。龙神柱的养护方法和别的仙人掌一样，浇水要等土壤完全干透之后，再一次性完全浇透；最好每月都换换位置，尽量保证光照。

5 金钻蔓绿绒

金钻的叶子润泽有光、绿色浓郁，即使在光照不太好的环境也能茁壮成长。金钻尺寸不大，适合放在办公桌或床头柜这样面积较小的桌上。由于金钻有较强的空气净化能力，作为乔迁之礼送给亲友也非常不错。

6 羽叶蔓绿绒

羽叶蔓绿绒的魅力就在于鹿角般的叶子，它具有调节温度的能力，适合放在室内放置。羽叶蔓绿绒能够分解新房产生的有害物质，所以特别推荐给搬家装修的人。只是它的叶子有一些毒性，所以修剪枝叶时切记不要接触太久。

7 油橄榄

油橄榄的生命力很强，树枝形状也很漂亮。油橄榄非常喜欢阳光，如果您家是向南的向阳房子，推荐您果断购买油橄榄。油橄榄的叶子正面是绿色的，背面隐约透出一点银白色，在任何装饰风格中都散发出淡雅的感觉。养一段时间还会长出果实，可以说是趣味盎然。

8 天堂鸟

天堂鸟的花朵呈鲜艳的橙色，因其花与热带一种鸟相似而得名。天堂鸟的叶子较大，喜欢往上伸展，花梗的位置也和叶子的高度差不多。天堂鸟需要大量光照，但最好避免直射光线，所以推荐放到通风良好的地方。

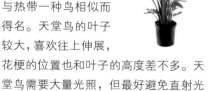

02 巧用饰品 完成绿植造型

如果您已经选择了适合自己家的植物，并将其安排在自己想要的地方，那么接下来就挑选一款完成绿植造型的时尚单品吧。只要好好利用装饰品，家里就会更加丰富和温馨。

为水培植物搭配玻璃瓶

我们不妨把水培植物放到透明的玻璃花瓶中，比如龟背竹、袖珍椰等。这样一来，植物的根部透过玻璃就能直接看到，而且不需要每天检查土壤有没有浇水，因此打理起来很方便。

妆点墙壁的绿植和流苏

植物并不是非要放在平整地面上的，让我们试着用自然风的流苏给花盆穿上衣服吧。即使挂在空荡荡的墙壁上，或挂在窗帘的边缘，装修效果也相当不错。挂上眼树莲、马尾杉这样的垂吊植物，叶子向下延伸的景象非常美丽。

用藤编篮子营造天然情趣

如果想给地上的花盆也穿上衣服，试试藤编篮子或者木质篮子吧。藤编篮子有多种尺寸，适合各种尺寸的花盆。藤编篮子的天然材质可以很好地展现植物绿油油的清凉感，放在任何室内都不会违和，非常百搭。

第三章

给空间着色

　　如果一个房子被分成两个以上的空间，尤其是分成双层，这通常意味着装修变得复杂，但反过来讲，室内装饰的可塑性也随之增强。空间增加以后，就可以尝试各种各样的方案。在各种装修方案中，最具装饰效果、最趣味盎然的一环，就是给房子涂色。按照自己的喜好，给房子定一个主色调，再加上与之相配的 2 ~ 3 种颜色，你的房子也能像杂志画报中的房子一样漂亮了。

白色 & 灰色风格
约 33 平方米的复式

虽然有人说复式房的物业费很贵，并且住着特别不方便，但我租房的时候还是很想租个复式，所以果断地签了合同。现在发现，人们都说复式不好，肯定还是有理由的。一开始我还想，一定要把客厅和卧室分开；可我住进来以后，几乎没有上过二楼，而是在一楼客厅的沙发前凑合睡觉。二楼就一直被用作仓库，堆放衣服和行李了。真的很想把这个单调杂乱的房子换个美丽的颜色。

复式房备受关注的原因在于其独特的户型结构，可以说是好奇心引发了浪漫幻想。高高的天花板给人一种空间更宽阔的感觉，而二楼则给人一种只属于自己的秘密据点的感觉。这样独特的结构与平凡的单间截然不同，因而使人们无条件地被吸引。

但是独特的结构在室内装饰上也有其局限性。就拿家具来说，如果不是定制的，就很难找到适合复式房的家具，而且布置起来也很受限。

before

在客厅中央铺了被褥以后，这位住户就一直睡在电视和沙发中间的地板上。

但如果真的不愿放弃对复式房的幻想，还是有解决办法的。努力发挥复式房的户型特征，最大限度地发挥其优点，再加上个人喜欢的色彩，就可以打造出与众不同的私人空间。

用色彩激活二楼的潜力，让房子变得生动

复式房的装修，从确定卧室在几楼开始。这个复式房的二楼天花板高于平均值。一般复式公寓楼的楼高都很低，在二楼需要弯着腰，但这个房子完全没有这种问题。因此二楼也可以不作卧室使用，但由于三人沙发已经占据了一楼的大部分空间，因此只能将二楼用作卧室。这样的话，就需要重新购置收纳品来保管堆在二楼的衣服和行李。刚好这位住户想要更换化妆台，所以我们购置了收纳力较强的化妆台。

为了给这个平凡的房子注入生机，我们制订了色彩计划。根据现有沙发的颜色，我们把房子的色调定为白色和灰色。

预想配置图

人们很容易习惯搬家后的首次配置，于是很难对房子进行新的布局。独居的人搬一个大件的家具都很难，所以很容易放弃。但是反过来想，新的布局也会马上就能适应，所以尝试一点变化怎么样？

plan

我们保留了住户原本的房间用途，一楼仍然作为客厅，二楼作为卧室。为了给平凡的空间注入生机，我们开始了色彩造型计划。

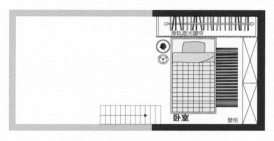

概念图

二楼 以灰色的榻榻米床垫为中心，我们用白色的收纳家具进行了搭配，还计划用白色窗帘遮盖色彩复杂的敞开式衣架。

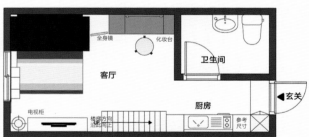

概念图

一楼 以现有的灰色沙发为中心，我们依然用白色家具进行搭配，还用粉色的小饰品进行了点缀。

白色和灰色的失败率最低，一般的装修用这个颜色不会出错。白色和灰色很适合原木家具，用其他的颜色作点缀也比较百搭，因此可搭配的范围很广。

色彩装饰1：灰色与原木的融合 粉色的点睛之笔

我们把一楼几乎保持了原状。除了沙发前被褥的消失和化妆台的增加，一楼原本的家具都原封不动地留在原来的位置上。配合深灰色的沙发，我们在墙壁上挂了一副深空月球图。由于复式房的天花板比较高，墙面就很容易让人感到空旷。虽然挂相框也很好，但推荐重量较轻、易于更换的布画。

沙发靠垫也是住户原有的东西，共有白色、灰色、粉色三种颜色。地毯也选用了同一系列的颜色和设计，地毯的尺寸要比沙发的长度稍微小一些比较好。

沙发旁边放置了全身镜和梳妆台。梳妆台是房东最喜欢的家具，里面有惊人的收纳能力，我们把抽屉里的化妆品挪到桌面以后，就空出来地方可以收纳手表、戒指、耳环等饰品。由于部分桌板是玻璃材质的，里面保管的饰品可以一目了然。我们把梳妆台下面的三段抽屉往外一拉，下面立马空出来一片收纳空间，我们在这里塞进了一个不常用的空气净化器。

以前家里没有窗帘，所以住户每天早晨就被照进大窗的阳光照醒。我们决定用遮光窗帘来遮挡早晨的阳光，但要在复式房安窗帘，还需要多做一些准备。首先需要一个长梯子，可以从五金商店或物业处借到。其次要确认墙壁是否能用钻头钻透，如果是混凝土墙壁不易穿透，就要使用专用设备或请专业师傅来操作。

自带照明的化妆台是一
个值得推荐的精致家具，
其下方的抽屉和结实的
收纳结构也是一大优点

我们特意选择了白色遮光窗帘。窗帘的遮光效果会因颜色不同而略有差异，比如白色的遮光效果较差，而灰色遮光较强。但由于沙发等家具都已经是暗色了，要用大面积的白色窗帘才可以抵消这种昏暗感。如果选择了灰色，虽然遮光效果会很好，但整个房子看起来会很闷。由于卧室在二楼，这种程度的光照反而对日常生活是必要的。

色彩装饰 2：用来遮挡杂物的色彩

在沙发对面的墙壁右上方，有一片必须要遮住的地方，那就是墙上的管道和插座口。我们把 LED 电子表放在管道上面，但还是无法完全遮住管道。于是我们将管道当作支架，安了一个小置物架，再用丰富的假花遮住了周围。置物架我们没有选择"一"字形的，而是选择了能够遮住侧面的 H 形。这样一来，不仅完全遮住了杂乱的地方，还让房子呈现出勃勃生机。这种假花价格低廉，在大型超市都能轻易买到；如果有想要遮挡的空间，可以尝试一下。

色彩装饰 3：用布艺品给卧室上色

由于二楼上有一整面墙都是壁橱，因此能放床垫的方向只有一个。我们用圆形收纳柜和灯具对卧室进行了简单的装饰。根据灰色和白色的概念主题，床上用品选择了灰色的小提花（立体纹路）面料，独特的纹路显得更加高档美观。

床垫后面有一块隐藏空间，我们挂了一块帘子，将其打造成收纳空间。我们在原本挂衣架的地方安装了窗帘滑轨。为了遮盖从一楼抬头能看到的部分，我们选择了弯曲的 U 形滑轨。这种窗帘滑轨可以按照自己想要的尺寸定制，也可以根据需要弯曲后安装，然后就像普

沙发一侧是深灰色占据压倒性优势,而电视一侧大部分是白色和原木色。

通窗帘一样挂上去就可以了。

有了这个帘子，里面收纳的东西就看不见了，干净利落是卧室最大的优点。帘子里面保管着夏季最常用的电风扇和旅行时用的行李箱。行李箱旁边有一个置物架，收纳着并不美观的杂乱的生活用品。

不要让计划停留在口头上

据住户说，在这次装修房子之前，她曾有无数次想过"独居真没意思"，但现在，这种想法完全消失了。她还说道，"这个房子租了两年，现在已经住了一年了才开始装修，装修晚了有点可惜。"目前她正在考虑延长租房合同。

一直梦想的房子如果能变成现实，那该有多好啊。每个人都对家怀有憧憬和向往，人们总是想"能独居的话，我也要试试这样""自己住就得这样才行"等。大家都有想法，实际行动起来很难。希望大家在机会来的时候不要犹豫，要大胆试一试。如果不去尝试，只是虚度时间，以后一定会后悔的。

我们在二楼的内侧安装了帘子，把空间分离开来。当时放好了床垫以后，剩下的空间还很宽裕，所以就想出了这样的方法，现在帘子里面可以收纳体积较大的产品。

暗黑风格
约 33 平方米的复式

我在首尔找了份工作，所以在公司附近租了一套约 33 平方米的复式公寓，开始了自己平生第一次的独立生活。把从蔚山带来的行李拆开以后，原本宽敞的房子立马被占满了。头一次独居生活，很多东西都缺，所以在网上买了几个价格实惠的网红家具。但便宜是有原因的，原来这些都是组装型家具。我一个人绞尽脑汁、拼劲体力地拼装和布置，却发现它们并不适合我的房子。本想尝试用黑色来装饰大片空间的，但不知为何，似乎从一开始就不太顺利。

装修也是有流行时效的，几年前还流行自助装修和北欧风格，但现在就流行用原木或藤条点缀的自然风格。另外，随着掀起"极简主义"热潮，比起过多的装饰元素，单纯而简约的装饰风格也很受欢迎。但是流行时尚只是一阵子，所以更重要的是寻找自己的风格，打造一个久看不厌的家。

before
装修前，住户一直维持着最初搬家时的临时布局。

巧妙布局 让空间发挥 200% 的功效

这个房子装修起来，最重要的就是要最大限度地利用现有的家具。所幸的是，由于住户一贯的爱好，所有家具的颜色都是统一的。因此，仅凭家具的布局，就可以轻易地改造这个房子。电视机原本是放在两个凳子上的，我们购置了一个电视柜，替代了那两个凳子；还买了一个大地毯，用来明确客厅的空间。一楼的空间比较宽敞，因此我们建议将沙发布置在中央，以此把一楼分成三个空间：看电视的，吃饭的，保管衣服的。只要将沙发和地毯安排在中间，这三块空间的分离就解决了。

二楼只有一个床垫，但收纳空间却十分不足，我们整理出一片空间，用来保管过季的衣物。最后，虽然介绍得有点晚了，但我们在二楼为小猫咪莱欧准备了一片小天地。

预想配置图

复式房的好处就是，比同面积的单间布局要
丰富得多。复式房的空间，在造房子的时候
已经分离过一次了，但现在也可以对一楼进
行再次分离。

plan

我们计划让住户事先买好的家具物尽其用，用它们进行空间
布局和造型。由于住户的一贯爱好，所有家具的颜色都是统
一的暗色调，因此重点就在于家具的布局和空间的利用率。

二楼　我们计划在灰色的床垫旁搭配同一色系的地毯，并利
用创意饰品来进行点缀。

一楼　我们计划把沙发放在中央，以沙发为中心，左边是更
衣室，还有沙发和地毯划出的客厅，而右方是休息区域。现
有的家具和装饰品都是深色系列，因此我们决定购买深色的
地毯和电视柜，完成各个空间的打造。

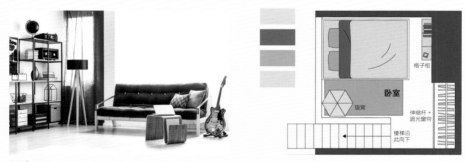

概念图

　　一般来说，人们会把沙发像床一样靠墙摆放。但是如果客厅是长条的形状，就可以把沙发摆放在中间的位置，剩余的空间就可以用作其他用途。

色彩装饰 1：深沉的气氛，让这里变成优质男的家

我们把七零八碎的家具摆上合适的位置以后，整个房子就给人一种截然不同的感觉，一眼就能看出这里的空间是按照用途分离的。深色的地毯具有明显的区分空间的作用，市面上有卖与沙发一致的地毯，但由于猫咪爱掉毛，我们特意选了不显猫毛的地毯。

终于为之前一直用书垫着的电视找到了适合的电视柜。我们选择了黑色金属框的电视柜，与家里的梯形置物架很搭；金属框里是橡树原木的材质。当家里只有这个梯子的时候，感觉就与整个家格格不入，但如今与电视柜并排放在一起，两者才发出了光芒。

我们用沙发后的餐桌布置了一个用餐区域。由于复式房的天花板较高，所以要尤其注意墙壁的装饰。为了装扮空荡荡的墙壁，我们购置了 2 种植物印花的画框，分别挂在餐桌和冰箱的上方。为了符合家里的现代氛围，我们买的画框框架全部统一为黑色。

色彩装饰 2：美味的黑色厨房

我们与住户一起，用瓷砖贴纸对厨房进行了自助装修。原本的墙壁是白色无花纹的，现在贴上黑色马赛克形的瓷

砖贴纸，整个厨房一下就有了摩登的感觉。厨房原本也不错，但加上瓷砖以后就变得更有厨房的感觉。更重要的是，黑色的厨房贴纸符合整个房子的深色概念主题，所以就更有意义了。

色彩装饰 3：和猫咪一起休憩的二楼

二楼看着有点单调，所以我们在孤零零的床垫旁，给猫咪莱欧准备了一个小窝。深色调的房子里最适合粗糙的大理石图案。我们保留了住户原有的床单被罩，又在地板上铺上灰色地毯，增加了温暖的感觉。原有的地毯因猫咪来回走动有点磨滑了，有点危险；新买的地毯不仅解决了这个问题，还能阻挡地板上的凉气。

栏杆的最里侧有一小块空间，我们在这里放置了一个床头矮柜，在上面放上一个书状的氛围灯。这个灯只要翻一下书页就会亮，作为点缀装饰非常美观。

床对面的墙壁上堆了一些格子柜，做成了装饰墙，可以用来放置书籍或相框等物品。格子柜旁边的木吉他是这位住户原有的东西，琴弦断了，磨损的地方也很多，我们将其重新打理好，作为室内装饰品摆在二楼。只要将吉他表面的板子卸下来，在内部涂上涂层之后，用小灯串沿着边框点缀一下就可以了。如果有彻底不用的物品，可以将其改造成装饰品，这也是废物利用的好方法。

二楼栏杆侧放着榻榻米床垫和猫咪的小帐篷，对面则堆放了格子柜。

色彩装饰 4：用边缘空间做衣柜

放在一楼的衣物主要是常穿的外套，而放在二楼的则是过季的衣服或体积较大的行李。从楼梯上能看到有一块空间凹进去了，因此我们决定将这个凹进去的空间用作收纳。

其实这里以前也是用来放衣服的，只是住户每次都把衣服随便堆成一堆。为了更简洁的收纳，我们建议利用收纳箱进行整理，并安装遮光帘。由于这里是上了二楼最先看到的空间，所以一定要干净利落。挂帘子可以使用伸缩杆，这样就不会在墙壁上留下钉痕，并且安装起来很简单。窗帘挂环的直径约 45mm，而伸缩杆的直径约 23mm，窗帘面料是我们去市场亲自挑选定制的，另外在网上也可以订购合适的尺寸。我们挑选的伸缩杆，拉开后总长度 300cm，承重能挂住 6 千克左右的东西。这种杆子是利用压力支撑在墙壁和墙壁之间的，所以即使要调整位置，也不用担心墙上留下痕迹，

需要准备的东西有伸缩杆、窗帘面料、窗帘挂环。准备好这些东西以后，就把杆子一头的塞子拔掉，再把挂环依次套上即可。

因此完全不用担心房东有意见，简直可以说是省心必备了。只要把伸缩杆牢牢架好，再将窗帘用挂环挂在杆子上就大功告成了。

人能打造房间，房间也能影响人

人住在房子里，自然会留下生活的痕迹。所以，有些房子一进门就会发现：这间房子和主人的感觉好相似啊。这间房子也是如此，处处体现着住户的明确喜好，只是需要我们的力量进行整理而已。我们能做的就是按照住户的生活方式和喜好要求，对屋子进行重新布局和装饰。这位住户说，他对生活的满意度提高了。从公司回到家时，就有一种欣慰的感觉，而且在整洁的房间里总是有一种安全感，所以他一直努力保持房子的干净整洁。随着房子的改变，生活在房子里的人也发生了变化。

原木&绿色风格
约 36 平方米的复式

我大学毕业后就找到工作了，也有了一个房子，可以称之为"我自己的小天地"，现在想把家里好好装修一下。每逢周末，我都会走出家门，去附近的咖啡厅看看书。而现在我想在家里过周末，有什么方法可以把家装饰得像咖啡厅一样吗？

如果您有经常光顾的咖啡厅，那么在这个咖啡厅里也一定有您最常坐的座位。这背后的原因多种多样，可能是离插座很近，也可能因为周围桌子少，比较安静；还可能是因为这个座位的风景很好，自拍很漂亮。让人满意的座位条件，用另一种语言说就是氛围；而决定这种氛围的，就是室内装饰。

如果想在家的时候有咖啡厅的感觉，方法其实很简单，只要把喜欢的咖啡厅和喜欢的座位搬到家里就可以了。这是专供自己享受的家庭咖啡屋，并且咖啡还是自助的。

虚拟布置图

复式房的最大好处就是天花板高。一般的平层单间,如果购置高大的家具,就会给人一种很闷的感觉;但复式房不会让人有这种苦恼。为了更明确的空间分离,我们计划购置高度与人差不多的家具。

plan

这个房子的单层面积约为 36 平方米,属于面积比较大的,因此我们不打算将一楼作为一个空间来使用,而是在中间布置一个大书柜,将厨房和客厅真正分开使用。二楼的天花板和墙壁有些凹凸,并且天花板较低,所以我们计划把二楼用作卧室和收纳。

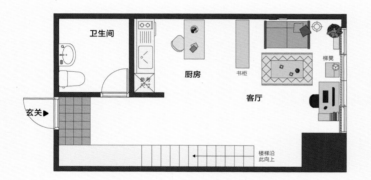

卫生间
厨房
书柜
客厅
梯凳
玄关▶
楼梯沿
此向上

一楼 计划以书柜为中心,将厨房和客厅分开。家具全部用原木色调,小的物件就用棕色和白色搭配,并以绿色植物作为点缀。

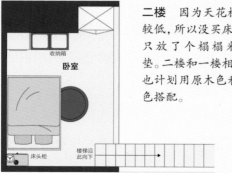

收纳箱
卧室
床头柜
楼梯沿
此向下

二楼 因为天花板比较低,所以没买床架,只放了个榻榻米床垫。二楼和一楼相似,也计划用原木色和绿色搭配。

概念图

原木 & 绿色，把家打造成自然风咖啡厅

这套房子是一个复式公寓，实际面积约 36 平方米，算是比较大的房子。我们计划在一楼中间布置一个书架，将厨房和客厅的空间分开使用。厨房方面，我们计划打造一个简单的就餐空间；而客厅方面，则是要打造成一个可以休息和工作的空间。

我们以自然风咖啡厅为主题，为分离后的客厅挑选了家具和装饰品。在原木的基础上，我们用植物做点缀，营造出温馨舒适的氛围。客厅的书架、沙发桌、书桌全部使用原木色调，而小物件则选择了棕色和白色，用来搭配原木色调。

色彩装饰 1：用家具分隔宽阔的空间

按照之前的计划，一楼的空间以书柜为中心，左边是厨房，右边是客厅。书柜是宜家的产品，需要组装；这个书柜相当大，所以最好由 2 人以上共同组装。虽然市面上有很多不需要组装的成品书柜，但是利用程度不太理想，因此我们选择了这款组装产品。

本来这个书柜所有的四排格子都像上端的两排一样，全是两边通透的。另外有一些选择性购买的抽屉板，可以根据自己的喜好来改变收纳方式。我们为第三排的格子设置了挡板和抽屉，可以用来收纳杂乱的物品。我们还改变了最下面一排的收纳方式，在里面放入了大小合适的收纳箱。这个书柜的最大优点是，同样的

从宜家买的 4×4 格子书柜，这个书柜可搭配的选项多种多样，可以进行有效的收纳。

格子可以根据自己的喜好来灵活使用。

仅次于书架的第二大家具就是沙发，我们把它摆在客厅中央，抓住了整体的重心。为了能像咖啡厅一样舒适地坐着看书，我们选择了宽裕的双人沙发。沙发的右侧有一个落地灯和一盆龟背竹，营造出温暖而又生机盎然的感觉。

如果花盆与室内的装饰风格不搭，可以重新购买新的花盆来代替，但我们推荐用藤编篮子把花盆遮盖住。因为藤编篮子与植物很搭，还能帮助营造自然的氛围。

沙发后面的墙上挂着两个壁挂式装饰袋，里面插了一些假花。为了反映住户的喜好，我们在房子的各个地方用植物进行了装饰。说起植物，人们很容易联想到放在地面或桌上的盆栽，但利用这种壁挂式装饰袋来插花，也别有一番情趣。

我们在靠窗的位置摆了一张桌子。由于这位住户在家里也经常使用电脑，所以客厅必须要有个桌子用来放电脑。由于住户的台式电脑体积较大，我们没有选择单薄的"一"字形书桌，而是购置了自带抽屉的H形书桌。我们还建议住户把化妆品放在书桌上，把书桌兼用作化妆台。刚好住户偏爱这种梳妆台，而且这里采光也很好，十分适合化妆。即使没有购置新的化妆台，只要好好利用现有的家具，就可以像化妆台一样使用。

色彩装饰 2：用瓷砖贴纸遮住钢材的清冷感

与普通单间不同，这里的厨房用的是推拉门。使用时拉开，不用时关上，能够干净利落地把乱糟糟的厨房遮住。另外，厨房还有一个特别之处，那就是墙面上挂着的木制壁板，我们在上面贴了住户的一张海报，使其瞬间成为厨房的亮点。这个厨房里有很多钢材墙面，让人感觉很清冷。虽然关着门的时候看不见，但我们还是

把墙面贴上了与温暖的原木色调相配的白色贴纸。这种瓷砖贴纸很方便，做菜的时候如果油或食物溅上去，用抹布轻轻一擦就掉了。只是这种贴纸一旦贴上就很难剥离，所以要在事前征得房东的同意。

色彩装饰 3： 原木 & 绿色的收纳 渗入角落小空间

楼梯的侧面有一块较大的空间，但很难专门用来收纳物品。我们准确地量好尺寸后，购置了适当大小的布艺收纳筐，收纳了一些不用的小物件和衣服等。

二楼就简单地装饰成了卧室。天花板和墙面有些凹凸不平，所以就没有在结构上做出改变。由于天花板较低，所以我们没有购置床架，只摆放了榻榻米床垫，在

床头布置了抽屉柜和台灯。在另一侧的位置，我们用收纳筐解决了收纳不足的问题。

打造只属于自己的小天地

　　随着时间的推移，人们对室内装饰的关注度似乎越来越高。很多咖啡厅和餐厅都会为自己贴上"氛围好"的修饰语；要想成为网红店，店里拍照好看的照相区可是必要条件。如今的人们也开始按照咖啡厅风格装饰自己的家，或者按电影里出现的房子风格来进行装饰。其实，与其盲目地跟着学，不如稍微改变一下，寻找适合自己的风格，打造出只属于自己的小天地，内心真正得到满足的小天地。

选择适合自己家的香味

　　在香气怡人的房间里，身心都会变得很放松。事实上，香味能缓解人们在日常生活中受到的压力和疲劳感，因此，很多与香气有关的产品越来越受到消费者的欢迎。让我们来了解一下在家里用香的正确方法吧。

01　香薰蜡烛

　　一提起香气，很多人的脑中最先浮现的就是香薰蜡烛。蜡烛不仅能带来淡淡的香气，还能起到抑制湿气的作用。下雨的午后，潮湿的屋里，点燃一个香薰蜡烛，就可以瞬间让室内的空气更加舒适。人们总认为，蜡烛只要点燃就行了，但其实不同的蜡烛也有长期使用的好方法。

　　在第一次点燃蜡烛之前，要将灯芯的长度剪到5毫米左右，这样才能减少烟气。

　　第一次使用时最好让蜡烛充分燃烧2~3个小时，这样才不会出现蜡烛中间凹进去的现象，并且这样用起来也更干净利落。

　　想要灭掉蜡烛的时候，应该把灯芯淹在蜡油里，这样才不会冒烟；并且灯芯沾了蜡油以后，下次点燃时会更旺，使用起来效果也更好。

　　熔烛灯蜡烛使用的不是明火，而是用热的灯光将蜡烛融化，以此散发出香味。关掉熔烛灯的时候不会冒出任何烟，可以安全使用；与燃烧型的蜡烛相比，熔烛灯香味的扩散力更强一些。

　　使用完蜡烛以后，为了防止香气的流失或沾上异物，应当及时盖上盖子，并且要避开直射光线保管。

02 液体香薰

这种香薰在高浓缩液体中插入藤条等，让浓香液体挥发出来，从而散发香味。与香薰蜡烛和焚香盒相比，液体香薰的优点是可以长期使用。液体香薰的香味可以广泛散发到客厅或者大厅等较大的空间。最近很多液体香薰都升级了，不光是溶液和藤条了，而是增加了不少趣味，作为人气装饰单品而备受关注。液体香薰可以根据藤条的粗细或个数来调节香味的浓度。藤条越粗、越多，香气就越浓。当香味变弱时，可以换个新的藤条，或将藤条的顶部与底部调换一下，就能再次感受到浓郁的香气了。

目前市面上经常使用的都是藤条或小木棒，但最近也有布料、干花、假花等特色替代品。此外，还有的液体香薰会搭配照明等多种多样的道具，不仅满足嗅觉享受，还有出色的视觉效果。

03 焚香盒

焚香盒是点火以后用烟雾传播香味的产品。一般是用精油或香草等天然材料制成木炭状，再加工成小棍状或圆锥状等多种形态。由于香料焚烧后会留下灰，所以需要专用的盒子或玻璃器皿。充满东方感的盒子，多种多样的香料，焚香盒凭借其诱人的魅力受到人们的喜爱。独特而宁静的香味不仅能净化空气，还能让人心灵平静。

点火以后，让焚香盒稍稍受点风，不一会儿就会烟气袅袅了，盒子就会发出隐隐的香气。烧光一支香虽然只需20多分钟，但香烧光以后，其香气也会持续半天以上。焚香盒的香度和除臭力是其他任何产品都无法比拟的，所以如果您吃完烤鱼后，觉得家里到处总有鱼腥味和奇怪的气味，那就使用焚香盒吧，一定能有效地除去味道。但由于烟气不断上升，所以使用焚香盒时必须注意通风。

04 芳香精油

很多香草都有隐隐的香气，让人心情舒畅。而精油就是从香草中提取的，为了易于使用而提炼出的一种炼油产品。现在流行的"芳香疗法"使用的就是精油，对恢复身心平衡有很好的效果，因此受到疲惫的现代人的关注。

在加湿器水中滴2～3滴天然精油吧！氤氲的水气隐隐散发出香气，会使原本纠结的心情变得平静。

精油在加热时比平时散发的香气更浓，利用这个特点，我们可以使用香薰灯炉来加热精油。

用香小妙招：为不同的空间增添香气

究竟在什么空间里布置什么样的香气，才能让我们的家更有魅力呢？

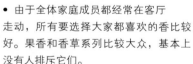

客厅

果香系列：柠檬、橘子、无花果

香草系列：茉莉花、柠檬草

● 由于全体家庭成员都经常在客厅走动，所有要选择大家都喜欢的香比较好。果香和香草系列比较大众，基本上没有人排斥它们。

卧室

精油系列：薰衣草、茉莉、檀香

花卉系列：依兰、玫瑰

● 如果入睡有些困难，可以选用有助于睡眠的精油系列。如果偶尔想营造浪漫的氛围，选择花卉系列比较好。

卫生间

粉香系列：香草类、瓜香

香草系列：洋薄荷、欧薄荷、薰衣草

● 浴室里的香味会随着水蒸气二次散发，所以要挑选适合水气的香。

书房

蓝桉、迷迭香和桂皮

● 自然提取的香味能让人心情安定、消除杂念，有助于集中注意力。

装修房子并不是独居者的专属。如果是和家人一起生活，即使不能装饰全家的共享空间，也可以从自己的房间开始尝试。有一次和外国朋友聊天时，他的一句话点醒了我。他说，为什么不想着装饰现在的房子，而是总想着未来独立以后该怎么装修、以后买了房子该怎么装饰……难道人们只会把现在的事推到将来吗？是啊，即使不独居，起码可以从自己的小房间开始装饰。在您装饰房子之前，让我们一起来看一些自主装修成功的漂亮房间吧！或许能从中获得一些勇气和灵感。

特别章节

随心所欲
个性十足的
室内装饰

充满装饰品
让人心动的房间

每天都在尝试！我自己的实验室

我们要介绍的第一个房间，是一个喜欢可爱装饰品的宅女的房间。她和家人生活在约 100 平方米的公寓里，她喜欢在自己的小房间里制作创意蜡烛。由于和父母一起生活，能够完全属于自己的就只有这个小房间，这个房间里摆满了她喜欢的各式蜡烛，十分让人心动。

据房间主人介绍说，家里一开始有个阳台，所以当时的实际使用面积很小。为了让房子更宽敞，家人把阳台也用作房间，还将其粉刷得干干净净，干净的墙面也算为装修奠定了基础。

房内的原木家具与白色的背景很搭，整个房间既温馨又不让人厌烦。房间里的大件家具是床、收纳柜和书桌。收纳柜原本是放在窗边的，床是放在门边的。后来，房间主人尝试了新的布局，她把床靠窗摆放，收纳柜就放在床

头附近的墙边上。这样一来，房间的中央就变得更宽敞了，空间的利用度也更高了。房里的家具都不算重，可以随意地进行移动和布局；另外家具的种类也比较少。

这个收纳柜原本是放在客厅的，它的内部空间很大，也比较深，可以存放很多物品；房间主人觉得很好，于是就挪到自己房间用了。收纳柜上摆满了她最爱的小物件，有的是买的，有的是她自己制作的。她说，由于自己性格比较喜新厌旧，所以每次都摆上不同的小饰品来转换心情。或许，正是因为她乐于尝试新事物，才使她的房间每天都有新变化，也让她时常对自己的房间感到心动吧？

收纳柜上摆放着一排淡雅的蜡烛。虽然燃烧起来很可惜，但是燃烧过后蜡烛自然融化的样子非常漂亮。

设计专家的大胆尝试
深色系房间

男人天地：与众不同的感觉

我们要介绍的第二个房间来自一位审美口味明确的设计专业的男士。浏览了室内装饰参考资料以后，他发现大部分案例都是明亮和华美的风格。他表示，他想摆脱千篇一律的室内装饰风格，在房间里展现个性。按照他最喜爱的德国包豪斯风格，他舍弃了不必要的装饰，选择了一种颜色作为装修主题。他的自助装修过程历时 3 个月，让我们一起来看看他房子的变迁史吧。

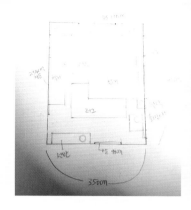

第一步　设计草稿

装修前，首先要画出房间的配置图纸。房间的实测面积约为 16.5 平方米，要在图纸上标出在什么地方布置什么家具。

第二步　整理

这个房间以前一直是其他家人使用的，这位家人搬出去独居以后就空了出来，所以还留着很多不用的行李。把这些行李清理以后，又拆除了使用率较低的壁橱，从而确保了房间的可用面积最大化。

第三步　刷漆

把土里土气的壁纸全部揭除后，这位房主还给墙壁做了隔热，最后为墙壁涂上了深蓝色的漆，又把窗户和窗框漆成古铜色。

第四步　换地板贴纸

为了配合整体暗色气氛，他用深色的地板贴纸把原本浅色的地板盖住了。贴地板贴纸就好像玩俄罗斯方块，依次把纸贴在地板上即可，所以短时间内就可以轻松完成施工。

第五步　布局

购置自己想要的家具和饰品，按照最初设计草稿来布置就可以了。

如果房子是自己家的，则可尝试的装饰范围就可以进一步扩大。因为不用怕装修白费，也不担心租期到了要把房子恢复原状。

宅女的床
生活的中心

最适合自己的空间

有一句流行语，用来形容宅男宅女最贴切，那就是"被子外面很危险"。可以说，床是宅女的主要生活空间和安身之处。此次要介绍的房间主人以前也是很会玩的潮流人士，然而随着年龄的增长，她渐渐开始喜欢安静舒适的地方。让我们以床为中心，一起观察一下她的生活空间吧。

在这个简约舒适的房间里，墙面的装饰部分显得非常亮眼。房主说，她喜欢在床上呆着，所以尽量把经常使用的东西放在随手能摸到的地方。于是她在墙上安装了两个置物板，下面的板子放着CD，上面的板子摆放了一个液体香薰。房主说，置物板右侧的CD播放器已经收藏了十多年了，十多年以来一直没有出过故障。看来，她不仅用东西很爱惜，保管东西也很在行。

房间内的照明装饰也很美观。房主用的不是落地灯，而是壁挂灯，占用空间很小，而且躺在床上伸手就能摸到开关，十分方便。另外，床头柜上也用蜡烛和氛围灯加湿器照亮了房间。

电影爱好者
梦寐以求的房间

最懂自己的室内装饰

　　这个房间的主人喜欢看电影,并且喜欢收集与电影有关的周边产品。他在这个家里已经住了超过 30 年,如今家里要翻新装修了,对这个电影迷来说,装饰自己房间的机会终于到来了。他甚至用室内装饰的专用程序模拟了家具的配置,找到最佳方案以后,他就按照 3D 图纸实施了计划。

　　买床的时候,他专门去了家具城,选购过程很费心。最终,他选择了床头有间接照明的床,晚上的时候可以发出光亮。床头还有内置插座,每次睡前给手机充电的时候都很方便,这让他感到很满足。

虽然这套房子是个普通的居民住宅,但这个沙发床让这个房间打造得像一个独居单间一样。如果您一直梦想着独居生活却一直没能实现,可以先从自己的卧室开始装修,有计划地购买独居用的家具,这也是一个提前实现独居的不错的方法。

　　他收藏的电影周边产品都被放进箱子里珍藏了，其中有几个放在抽屉柜上用作装饰。每当看到这个房间，他的心里就会莫名涌出一丝暖意，这个房间就是这个电影铁粉的心头好了。他说，他很喜欢去漂亮的咖啡厅拍照，所以想在房间里打造一个照相区。于是，他在床的左侧安排了沙发床和地毯，并用装饰品进行点缀，终于实现了他一直以来的装修梦想。据说最近很多人都喜欢在去过的地方拍照留念，如今这个房间成了最值得他拍照的地方。

　　您向别人说过自己喜欢什么样的风格吗？让人意外的是，简单地说出自己的喜好并不是一件容易的事情。这时，只要装修一下房子，您就会明白自己是什么样的人，因为您的爱好将在自己的房间里集中表现出来。

建筑专业人士的
工业风

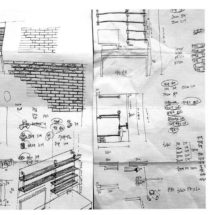

最懂自己的室内装饰

最后要介绍的满满工业风的房间属于一位建筑专业人士。所谓"工业风"，是利用混凝土墙面、粗大的管道等粗糙的材料，展现出如同工厂般的感觉。工业风主要应用于咖啡厅或餐厅等商业场所。这个房间的主人把自己学过的专业知识应用在自己房间的装饰上，并且布置得很有质感。让我们一起来看一下这个约 10 平方米的房间吧。

他用砖头、钢管和印茄木把墙面填得满满当当。从垒砖施工到钢管置物架的设计，全部都是他独立完成的，这一点令人十分惊讶。他先用3D 绘图程序确定具体的设计，再画出手绘图，准确地估算出所需的材料，果然专业的人就是会发光。

　　他亲手垒了砖，还用水泥把缝隙填满，并在墙壁上安装了钢管衣架，打造了一片收纳衣服的空间。衣服撑子也采用了复古风格的原木材质，在细节上做到了忠于装修主题。床和桌子都选择了和地板相配的深色原木产品。为了突出水泥的感觉，还使用了水泥质感的地板贴纸。

　　为了节省费用，他尽量自己完成所有装饰工作，前后共花费了4个月的时间。从炎热的7月开始，到寒冷的11月竣工。他说，等以后离开父母家，搬到自己家以后，他将会用更加专业的知识，来进行另一次装修挑战。

在钢管置物架的下端，有一个间接照明灯，为房间增加了现代感。架子上还放上了复古的钟表，房间主人的情趣一览无遗。

后记

继续装饰房子！

在进入这个家装公司之前，我一直不能理解，为什么要花钱去装修一个不属于自己的房子。我这个人因抠门而出名，同事们甚至还给我贴过"露西不买"的标签（我们公司使用英文名，我的英文名是露西）。但是，入职两年以来，我采访和介绍了 100 多家房子，深刻感受到营造一个我喜爱的房间是多么有意义。

跟有漂亮房子的人交谈的过程中，我经常会听到"家就像恋人和家人一样"这样的话。亲自动手去装修，无形中增加了自己与房子的亲密度，因此自然而然地会对房子产生感情，这种感情会在生活中进一步增强。我想说，给房子买的东西就是对个人爱好的投资。由于要不断地尝试，不断地投入时间、精力和金钱，个人的喜好会在这个过程中不断加深。即使失败了也不要紧，因为这是为了确定自己的喜好而进行的尝试，而且有了失败经验就能快速确认自己的喜好。就这样一点点累积，确认和培养自己的爱好，就会觉得非常了不起。

因此，最近露西我也逐渐增加了对自己爱好的投资。

极简主义、极繁主义、自然风、现代风……各种装修风格特点各异、层出不穷。但是，找到自己的喜好，打造属于自己的房间风格，是所有人装修房子的终极目标。希望更多的人能通过这本书，开始尝试装饰房子。如果您觉得自己装修有点吃力，想向我们咨询建议，我们无论何时都欢迎。经历过装修的苦恼和困难，您就是率先孤军奋斗的前辈，是以后人们尝试装修的力量源泉。

内 容 提 要

本书从单间室内装修和套间与复式的装修布置出发,介绍了二十几个不同的典型装修案例。第一部分共包括两章内容,讲述了如何针对不同的预算和不同的单间户型,制订出合理的装修方案。第二部分共包括三章内容,介绍了套间与复式的合理布局,以及对不同使用空间的有效利用和装饰。在特别章节部分,介绍了六个风格各异的装修案例,可以让有不同设计需求的人欣赏和借鉴,进而打造出属于自己的舒适空间。

本书适合室内装饰爱好者以及打算重新布置居室的人阅读。

北京市版权局著作权合同登记号:图字 01-2020-3852

원룸 생활자를 위한 첫 인테리어북 (First Interior Book For Studio Apartment Living)
Copyright © 2019 by 집꾸미기 (Home Decorating, 家居装修)
All rights reserved.
Simplified Chinese translation Copyright © 2021 by CHINA WATER POWER PRESS
Simplified Chinese language edition is arranged with Housing Culture Co., Ltd.
through Eric Yang Agency

图书在版编目(CIP)数据

租房派的单人间软装改造 / 韩国小家装潢著 ; 王晨杰译. -- 北京 : 中国水利水电出版社,2021.7
ISBN 978-7-5170-9712-9

Ⅰ.①租… Ⅱ.①韩… ②王… Ⅲ.①室内装饰设计
Ⅳ.①TU238.2

中国版本图书馆CIP数据核字(2021)第133048号

策划编辑:庄 晨　　　责任编辑:白 璐　　　封面设计:梁 燕

书　　名	租房派的单人间软装改造 ZUFANG PAI DE DANRENJIAN RUAN ZHUANG GAIZAO	
作　　者	[韩] 小家装潢 著 王晨杰 译	
出版发行	中国水利水电出版社	
	(北京市海淀区玉渊潭南路 1 号 D 座　100038)	
	网　址:www.waterpub.com.cn	
	E-mail:mchannel@263.net(万水)	
	sales@waterpub.com.cn	
	电　话:(010)68367658(营销中心)、82562819(万水)	
经　　售	全国各地新华书店和相关出版物销售网点	
排　　版	北京万水电子信息有限公司	
印　　刷	雅迪云印(天津)科技有限公司	
规　　格	184mm×240mm　16 开本　17.5 印张　207 千字	
版　　次	2021 年 7 月第 1 版　2021 年 7 月第 1 次印刷	
定　　价	59.00 元	

凡购买我社图书,如有缺页、倒页、脱页的,本社营销中心负责调换
版权所有·侵权必究